U0208916

『通古察今』系列丛书

武家璧 著

古代历法考论

河南人民出版社

图书在版编目（CIP）数据

古代历法考论 ／ 武家璧著 . — 郑州 ：河南人民出版社，2019. 12（2025. 3 重印）
（"通古察今"系列丛书）
ISBN 978-7-215-12099-0

Ⅰ. ①古… Ⅱ. ①武… Ⅲ. ①古历法－研究－中国 Ⅳ. ①P194. 3

中国版本图书馆 CIP 数据核字（2019）第 273044 号

河南人民出版社 出版发行
（地址：郑州市郑东新区祥盛街 27 号 邮政编码：450016 电话：0371-65788077）
新华书店经销　　　　　　　环球东方（北京）印务有限公司印刷
开本　787mm×1092mm　　　　1/32　　　　　印张　9
字数　130 千
2019 年 12 月第 1 版　　　　　　　2025 年 3 月第 3 次印刷

定价：58.00 元

"通古察今"系列丛书编辑委员会

序　言

　　在北京师范大学的百余年发展历程中，历史学科始终占有重要地位。经过几代人的不懈努力，今天的北京师范大学历史学院业已成为史学研究的重要基地，是国家首批博士学位一级学科授予权单位，拥有国家重点学科、博士后流动站、教育部人文社会科学重点研究基地等一系列学术平台，综合实力居全国高校历史学科前列。目前被列入国家一流大学一流学科建设行列，正在向世界一流学科迈进。在教学方面，历史学院的课程改革、教材编纂、教书育人，都取得了显著的成绩，曾荣获国家教学改革成果一等奖。在科学研究方面，同样取得了令人瞩目的成就，在出版了由白寿彝教授任总主编、被学术界誉为"20世纪中国史学的压轴之作"的多卷本《中国通史》后，一批底蕴深厚、质量高超的学术论著相继问世，如八卷本《中国文化发展史》、二十卷本"中国古代社会和政治研究丛书"、三卷本《清代理学史》、五卷本《历史文化认同与中国统一多民族国家》、二十三卷本《陈垣全集》，以及《历史视野下的中华民族精神》《中西古代历史、史学与理论比较研究》《上博简〈诗论〉研究》等，这些著作皆声誉卓著，在学界产生较大影响，得到同行普遍好评。

除上述著作外，历史学院的教师们潜心学术，以探索精神攻关，又陆续取得了众多具有原创性的成果，在历史学各分支学科的研究上连创佳绩，始终处在学科前沿。为了集中展示历史学院的这些探索性成果，我们组织编写了这套"通古察今"系列丛书。丛书所收著作多以问题为导向，集中解决古今中外历史上值得关注的重要学术问题，篇幅虽小，然问题意识明显，学术视野尤为开阔。希冀它的出版，在促进北京师范大学历史学科更好发展的同时，为学术界乃至全社会贡献一批真正立得住的学术佳作。

当然，作为探索性的系列丛书，不成熟乃至疏漏之处在所难免，还望学界同人不吝赐教。

北京师范大学历史学院
北京师范大学史学理论与史学史研究中心
北京师范大学"通古察今"系列丛书编辑委员会
2019 年 1 月

目　录

前　言

　　中国古代天文历法是我国传统文化的精华，也是其中最艰深难懂的部分。明末清初西方近代科学传入中国的时候，以天文历法为代表的我国固有的传统科学被称为"国学"，与"西学"形成对峙。历史上第一次中、西学之争，就是康熙年间的"历法之争"。在那个时代，人们心目中的"国学"就是我国古代的传统科学。中、西学之争最终导向了中西方体制之争。洋务运动的大将张之洞提出"中学为体，西学为用"的主张之后，"国学"才由传统科学演变为涵盖文史哲的传统学问，"国学"中最深奥的天文历法等从此被束之高阁；以至于在时下"国学热"的大潮中，人们对文史哲趋之若鹜，天文历算则鲜有人问津。

　　中国古代天文历法博大精深，有关学者一辈子皓首穷经，往往仅能究明一两部历法，并且方才登堂入室，却已届暮年，其高难程度令无数饱学之士望而却步，故通晓古代天文历法的学者历来凤毛麟角。近代受到西学的冲击，传统的天文历算几乎成了无用之学。民国时利用现代天文学知识对中国古代天文历法进行研究的，也仅朱文鑫、高鲁、高平子、陈遵妫等数人而已。新中国成立后中国科学院成立了自然科学史研究所，这才有了一批专门从事古代天文历法研究的职业学者。彼时研究的重点主要集中于传统典籍中的天文历法文献，"中国天文学史大系"丛书和《中国科学技术史·天文学卷》等专著，代表了这一阶段的重要成果。

新中国成立以后随着经济建设和文物考古工作的发展以及对外文化交流工作的展开，一些重要的天文遗迹、天文文物、出土天文历法文献被发现和证认，如汉魏洛阳灵台遗址、长沙马王堆汉墓帛书彗星图及《五星占》、仪征汉墓铜圭表、阜阳西汉汝阴侯夏侯灶墓二十八宿圆盘、敦煌星图、杭州吴越墓星图、临沂银雀山汉墓元光元年历谱等。1980 年中国社会科学院考古研究所针对这些重要发现出版了《中国古代天文文物图集》。已有历史学、考古学、天文学史等方面的专家学者对这些天文遗迹、遗物作了深入研究，1989 年文物出版社出版其姊妹篇《中国古代天文文物论集》，对新中国成立以来中国天文文物研究的成绩作出总结。

　　笔者自 20 世纪 90 年代末参与导师李伯谦先生主持的"夏商周断代工程"新砦遗址发掘项目以后，旋即转入中国科学院自然科学史研究所师从著名天文学史家、古历法专家陈美东先生学习古代天文历法，从此开始了对古历若干问题的探索研究。本书包括笔者对古历探索的部分论文，主要集中在战国楚、秦至西汉早期以及唐代历法的研究方面，概述如下：

　　楚国究竟采用何种历法，是一个长期没有解决的疑难问题。长沙楚墓帛书以"建寅之月"（农历一月）为正月，与《夏小正》的建正（寅正）相同；江陵楚墓竹简等以"建亥之月"（农历十月）为岁首，与秦历的建正（亥正）相同。这个矛盾的现象如何解释？我们从《夏小正》经传中找到了解决问题的钥匙。《夏小正》经文记载："四月初昏南门正……十月初昏南门见。"传文解释说："南门者，星也。岁再见一正，盖《大正》

所取法也。"意思是说"南门星"是《大正》历所取法的标准，它在一岁之中"再见"即晨见于东、昏见于西；"一正"即初昏时位于正南方，《大正》就是根据这三个标准节点制定的历法。文献记载楚国历法属于《颛顼历》系统，由此我们知道楚墓帛书采用的历法是《颛顼小正》，而楚墓竹简采用的历法是《颛顼大正》。南门星就是《颛顼历》用来观象授时的标准星。

秦国采用"岁首建亥"（以十月为岁首）的历法，这可能与秦相吕不韦的历法改革有关。吕不韦在帮助秦始皇的父亲秦异人夺取王位和巩固政权的宫廷斗争中，为了争取楚国外戚的支持，曾经采取一系列亲楚的政策，改行楚国历法是其策略之一。史载"《颛顼历》上元甲寅岁……其后吕不韦得之，以为秦法，更考中星，断取近距，以乙卯岁正月己巳合朔立春为上元。"（《新唐书·历志》)《续汉书·律历志》载"甲寅历于孔子时效；己巳颛顼，秦所施用；汉兴草创，因而不易。"汉初"袭秦正朔"，把《颛顼历》一直沿用到汉武帝太初改历以前。出土秦简《日书》载有一份《日夕分表》，把一天分为"十六分"，春分和秋分时节"日八分""夕八分"，夏至"日十一分""夕五分"，冬至"日五分""夕十一分",反映了一年内昼夜长短随季节的变化。经过数值分析,我们认为这份《日夕分表》并不是昼夜漏刻数值,而是地平圈上昼弧和夜弧长度的变化数据,它们是通过测定日出和日落方位而得到的,故可称之为"地平数据",因而与昼夜漏刻反映的"时角数据"具有本质的不同。"地平数据"应该是"盖天说"宇宙理论的产物;"时角数据"则是"浑天说"宇宙理论的产物,前者盛行于西汉早期以前,后者则在汉武帝《太初历》以后才开始盛行。我们通过对出土文献的研究,揭示了中国古代宇宙理论"盖天说"与"浑天说"的本质区别:前者采用地平坐标系,后者采用时角坐标系。

应用"节气断代法"在简牍研究上获得重要成功,例如《随州孔家坡汉墓简牍》有一份题名为《历日》的竹简历谱,不仅记载了一年内十二个月的朔日干支,还注明了冬至、立春、夏至等节气所在的干支,有学者曾经依据朔日干支推断其年代为淮南王二年(公元前 163 年),我们用《颛顼历》推算其节气干支,指出其年代应是汉景帝后元二年(公元前 142 年),这一结论为发掘报告所采用,并得到学术界公认。为此我们特地设计采用了"节气干支序数散点图",用于迅速查找并直接显示符合节气干支的历史年代,作为历法断代的新工具。

传世文献典籍中关于早期历法的记载非常稀少,有一类被忽视了的文献汉代纬书中有较多的保留,值得我们重视。例如《尚书·考灵曜》的中星、日在位置及推步方法等,不见于《史记》《汉书》《后汉书》的天文、律历等书志,可能与失传的先秦"古六历"有关。《易纬·通卦验》中的晷影数据,与两汉时期其他的晷影数据都不符合,经验算与《周髀算经》《太初历》等同样采用等差数列法构建晷长数据,它出现在《太初历》之后,后汉《四分历》之前,可能是中国天文学史上等差数列晷影数据的最后一个版本,反映了当时一定的科学认知水平。纬书中保存下来的历法材料,弥补了正史记载的不足。

隋唐时期中国古代历法发展到一个新的高峰。唐僧一行主持编撰《大衍历》,在天文仪器制造、天文观测和大地测量、历法体系的构建、对日月五星运动的认识和计算、黄赤道度变换等方面,都大大超越前人,对后世产生了深远影响。僧一行提出了"凡阴阳往来，皆驯积而变"的思想，翻译成现代科学语言就是，"凡是周期运动，都是连续变化的"；反过来说就是没有停顿、间断、跳跃式或突然加速的变化。一行首先认识到日月五星的视运动是"渐损""渐益"的连续变化过程，由"渐损"到"渐益"或者由"渐益"到"渐损"中间会出现极小值和极大值，天文计算的实质就是求连续变化的位置和极值问题。为此僧一行构建了日躔表（太阳位置插值表），包括定朔计算（朓朒积）和定气计算（先后数）差分表。日躔表基于实测和平滑处理得到一些确定时间节点上的太阳位置数值，列为数表；再在这些节点值之间进行内插计算，求取任意时间的位置数据。我们对其日躔表的数值进行分析，发现都是四次差分相等、五次差分为零的数表。这类插值表的物理意义是，一次差相等反映"匀速运动"，二次差相等反映"匀加（减）速运动"（如刘焯《皇极历》），三次差相等反映加（减）速度呈等差数列变化的"变速运动"（如郭守敬《授时历》），四次差相等反映加（减）速度呈二阶等差级数变化的"复杂的变速运动"（如一行《大衍历》）。显然一行插值表的物理本质，就是把太阳运动看作连续变化的"复杂的变速运动"。

现代数学一般采用高次函数对高次差分表进行内插计算，但僧一行所处的时代尚未发明高次函数，只能采用将函数降次的办法，用低次插值函数来解决高次差分表的近似计算问题。僧一行发明了巧妙的计算方法，即调整插值距离为不等间距型，将插值函数降次为二次函数进行内插计算。通过这种途径，一行把复杂问题简单化，从而用二次函数来进行四次差分表的内插计算。其结果是，在极值分段的区间内，插值节点本应落在四次曲线上，而在插值区间内的内插函数值却落在二次曲线上。因此一行的"不等间距二次内插法"，在数学上就是要在分段区间内，用抛物函数逼近高次函数。

对于天体运动的"渐损""渐益"变速运动，一行采用不等距内插法进行计算；类似地，对于黄赤道差、黄白道差等球面变换问题，一行采取"累裁"或"累积"算法。前者以表格算法为主，后者以公式算法为主，实质都是要解决"连续变化"过程中的位置计算及其极值问题。理论上，如果要进一步改进和提高计算精度，僧一行的数值逼近方法必然导致迭代算法的发明，而迭代法是近现代数值计算的主要工具之一。可惜由于编撰《大衍历》一行积劳成疾、英年早逝，他独创的逼近算法并没有得到很好的传承和发展，后来的天文学家如元代王恂、郭守敬等，纷纷吸纳数学家发明的高次函数法、"招差术"等来解决历法中的计算问题，走上了另外的发展道路。我们的研究结果得到学术界的认同，中国科学技术协会、中国科学技术史学会编《科学技术史学科发展报告·天文学史研究进展》（2009—2010）称："僧一行的《大衍历》一直是历法史研究中的重点，《大衍历》的日躔表前人也多有研究，武家璧的《〈大衍历〉日躔表的数学结构及其内插法》一文再次在这个问题上向前推进了一步。"

晚唐天算家边冈制定《崇玄历》，总结和创造出一系列二次和高次函数计算法，取代传统的数值表格加内插法的经验数学模式，完成了我国古代历法中数学方法的一次重大变革。其简捷算法"相减相乘"法（二次函数）的总结提出，影响尤巨。以往认为"相减相乘"法源自中唐曹士蒍《符天历》中的日躔差公式，我们的研究证明它实际上是由僧一行《大衍历》中的黄赤道差计算公式推广而来。其法对历法中极值问题的计算，类似"等周问题"中的简单命题"等周长矩形的面积以正方形最大"。这样得到的太阳位置就是时间的二次函数。其运动轨迹就是以极大值和极小值为顶点的两条抛物线，互相扣合，在损益值为零的位置连接起来，逼近于天体运动的椭圆轨道。这一方法使得任意时间的天体位置可以通过简单公式计算出来，从而使大量的天文表格没有必要存在，大大简化了天文计算。过去认为边冈简捷算法可能源自《符天历》，而《符天历》明显受到从印度传入的《九执历》的影响，我们依据史书记载论证边冈算法直接来源于僧一行的《大衍历》，从而证明"相减相乘"法是中国学者的独创，处于当时世界的领先水平。

本书的最后一项工作，是对历史上著名的天文学家何承天、僧一行、边冈、赵友钦、郭守敬、王锡阐等进行科普介绍。这是《中国古代 100 位科学家故事》的主编、著名科学史家汪前进先生分配给笔者的任务。古代天算名家，大都高深莫测，他们的成就及所达到的境界，往往是令人高山仰止，可望而不可即。如何介绍他们的创新成果，同时对中小学生和普通读者具有可读性和趣味性，这是一项高难度的工作。例如笔者本人对僧一行、边冈的天文历法工作做过专门研究，但专业性很强，考证和计算烦琐而复杂，不适合一般读者阅读。在科普文章中，介绍其传奇故事固然可以收到可读性和趣味性效果，然而阐明其在科技史上的突出贡献才是文章的真正重点。我们将历史文献中诘屈聱牙的算法描述，转写成现代算术和代数语言，或者直接用代数公式进行表述，仍然担心不能达到通俗易懂的效果。为此笔者设计采用了函数图像的表现方式，直接显示一行和边冈算法的奥妙所在，从而收到一目了然的直观效果。这些科普文章收入《中国古代100位科学家故事》一书，由中宣部、教育部、科技部联合推出，人民教育出版社、学习出版社联合出版，推荐给广大青少年作为爱国主义和科学传统教育的参考教材和课外读物。作者能为中国古代科学的普及教育作出微末贡献，深感荣幸。

楚用亥正历法的新证据

  战国时期的楚国历法使用何种"建正"的问题，至今仍是一个众说纷纭的话题，几乎所有可能的说法都被提了出来，最近出版的《江陵九店东周墓》公布的九店五十六号楚墓竹简文字为解决这个问题提供了新材料。

  为了便于说明问题，我们有必要解释一下何为"建正"，"建正"又叫"月建"，我国古代历法把冬至所在的月份叫作子月，接下来第二个月叫丑月，第三那个月叫寅月……第十二个月叫亥月；"建正"或"月建"就是把"正月"（岁首所在的月份）放在某个月——放在子月叫"建子"，或"子正"，放在丑月叫作"建丑"或"丑正"等等，依次类推。迄今为止，关于楚历月建的说法共有四种：第一种意见认为楚用夏历寅正[1]；第二种意见认为楚用周历子正[2]；第三种意见认为楚用殷历丑正[3]；第四种意见认为楚用亥正历法（或以为秦历）[4]。笔者也曾经主张楚用丑正殷历[5]，然而，新公布的九店五十六号楚墓的简文材料说明楚国当时行用的是一种亥正历法，试析如下。

江陵九店五十六号墓简96释文：

　　□□屎朔于荃，夏屎□，享月□，夏栾□，八月□，九月□徙，十月□□[6]

---

[1] 曾宪通：《楚月名初探》，《古文字研究》第五辑，中华书局，1981年。张闻玉：《云梦秦简日书初探》，《江汉论坛》1987年4期。

[2] 潘啸龙：《从"秦楚月名对照表"看屈原的生辰用历》，《江汉论坛》1988年2期。

[3] 刘彬徽：《从包山楚简纪时材料论及楚国纪年与楚历》，《包山楚墓》附录二一；王红星：《包山简牍所反映的楚国历法问题》，《包山楚墓》附录二〇，文物出版社，1991年。

[4] 何幼琦：《论楚国之历》，《江汉论坛》，1985年10期。王胜利：《关于楚国历法的建正问题》，《中国史研究》1988年2期。

[5] 武家璧：《包山楚简历法新证》，1995年首届长江文化暨楚文化国际学术讨论会交流论文。

[6] 李家浩：《江陵九店五十六号墓竹简释文》，《江陵九店东周墓》附录之二，科学出版社，1995年。

该简按先后顺序列举了七个紧密相连的楚月名，其中排在最前面的月名缺一字，按楚月名的逻辑顺序该月名应为"司夏"，依楚月序当为楚历四月。这样一来，我们就得到了"司夏朔于鲞"也就是楚历"四月朔于鲞"的历法材料。历来公布的楚简都未发现记有朔日干支，这给研究楚历带来了诸多不便，也是引起歧见纷披的重要原因之一，因此这个"朔于鲞"的记录真是踏破铁鞋无觅处、弥足珍贵的了。

"朔于鲞"即"朔于营室"，也就是文献上所说的"日月俱入营室"。《淮南子·天文训》"天一原始，正月建寅，日月俱入营室五度。"刘向《洪范·五行传》"历记始于颛顼，……朔日己巳立春，七曜俱在营室五度。"《后汉书·律历志》"甲寅之元，天正正月甲子朔旦冬至，七曜之起，始于牛初；乙卯之元，人正己巳朔旦立春，三光聚天庙（营室）五度。"

上引文献为汉人对战国古四分起算点的认识，即立春在营室五度，冬至在牵牛初度。从冬至到立春为46日，按《开元占经》所列二十八宿的"古度"来计算，从牵牛初度到营室五度正好是46度，因为当时人们认识太阳一日行一度。[1]就像"牵牛初"被看作冬至点的代名词一样，"营室五度"也被人们看作立春点的代称。因此笔者认为竹简所记，"醎层朔于鹭"实际上是指楚历四月日月合朔于营室五度、朔旦立春。既然立春在四月朔旦，向前推46日，则冬至必在二月之中。即使"朔于鹭"不是指的"营室五度"而有可能指营室古距度22度中的任何一度，由于当时历法把立春点定在营室五度，因而冬至仍在楚历二月范围之内。冬至既然在二月，那么正月必是亥月无疑。所以，我们说这条简文材料是一个楚用亥正历法的新证据。

古六历不用亥正，所以人们怀疑先秦时代是否真正存在着一种亥正历法。其实只要不带着偏见去看问题，我们还是可以找到亥正历法的蛛丝马迹的。《左传》昭公二十年（公元前522年）载"春王二月己丑，日南至。""日南至"即冬至。班固《汉书·律历志》、《左传》杜预注、孔颖达疏，为了维护春秋周正（建子）的权威地位，曲为解释说这是史官排错了闰月，致使冬至"非在其月"。其实用亥正历法来解释，最明白不过

---

[1] 《中国天文学史》91页注②、74页注②，科学出版社，1987年。

了。楚简亥正历法的新材料，证明《左传》的这条记载并非孤证。至于入秦以后到太初元年（公元前104年）改历以前，官方采用以夏历十月为岁首的亥正历法，就是史不绝载而为人们所熟知的了。

（原载于《中国文物报》1996年4月21日第3版）

楚历"大正"的观象授时

摘　要　证认《夏小正》经传记载的取法于南门星的"大正",就是战国楚简使用的"亥正",属于《颛顼历》。"南门昏中"是楚历"大正"用来观象授时的重要天象,通过必要的基本设定,可计算其实际发生的年代。计算方法采用汉代公式推算昏终时刻,避免因观测地纬度的选取以及对昏旦长度的设定不当而导致的误差。查星历表得到南门赤经的变化数据,求其与计算所得昏中经合二而一的年代,即是"南门昏中"天象发生的年代。算得其年代理论值在公元前608年,考虑到各种误差,其适用范围可从西周早中期延至战国中晚期。楚《颛顼历》大正(亥正)、小正(寅正)同时并行,一直延用到秦及西汉早期。

关键词　大正　亥正　南门昏中

一、问题的提出

楚国历法属于《颛顼历》系统，根据年首所在月份分为"大正"与"小正"两种建正，以长沙楚墓帛书为代表的正月建寅的历法是"颛顼小正"，以江陵楚墓竹简为代表的岁首建亥的历法是"颛顼大正"[1]。

"颛顼小正"与我们熟悉的《夏小正》具有渊源关系。《晋书·律历志》："颛顼圣人为历宗也，……夏为得天，以承尧舜，从颛顼也。"[2]《新唐书·历志》："盖重黎受职于颛顼，九黎乱德，二官咸废，帝尧复其子孙，命掌天地四时，以及虞、夏，故本其所由生，命曰《颛顼》，其实《夏历》也。"[3] 至于本文所要探讨的楚历"大正"，文献中缺乏明确记载，我们之所以提出这

---

[1] 武家璧：《云梦秦简日夕表与楚历问题》，《考古与文物》，2002 年先秦考古专号；武家璧：《观象授时——楚国的天文历法》，湖北教育出版社，2001 年，第 140—150 页。

[2] 《晋书·律历志》，《历代天文律历等志汇编》第五册，中华书局，1976 年，第 1584 页。

[3] 《新唐书·历志》引一行《大衍历议·日度议》，《历代天文律历等志汇编》第七册，中华书局，1976 年，第 2184 页。

一问题，是基于两方面的理由：其一是楚墓中出土大量使用"亥正"历的竹简，它应该对应于文献记载中的某一部历法；其二是我们从《夏小正》经传记载中发现，曾经有一部被称为"大正"的历法，"取法"于"南门"星，其定点星象正好对应于"亥正"历的岁首和年中，联系到颛顼帝曾命"南正重司天以属神"的著名记载，我们认为楚简所用"亥正"历正是"取法"于"南门"星的"颛顼大正"。

二、文献引证

《大戴礼记·夏小正》：

[经]四月……昴则见，初昏南门正。

[传]南门者，星也，岁再见一正，盖《大正》所取法也。

[经]十月……初昏南门见。

[传]南门者，星名也，及此再见矣。

唐僧一行指出："'十月初昏南门见'，亦失传也。

定星方中，则南门伏，非昏见也"[1]。清王聘珍《大戴礼记解诂》："经传文有讹变，十月初昏，南门伏"。朱骏声曰："昏，当做旦，传写之误。小正纪星，纪旦见不纪昏见。此盖鸡鸣时见于东南隅也。"[2] 王筠《夏小正正义》引："顾氏（凤藻）注经曰：初昏字盖衍文，夏时日躔星纪（按《汉志》在斗 12—女 7 度），南门在日后，朝见东南隅。"古人已说明此处只能减字解经，视"初昏"二字为衍文，庶几可通。然而这并不影响下文所作的推论，因为南门仍是见星，自"南门见"至"南门正"之间正好相差半年，按照《夏小正》"正月鞠则见"以见星为岁始的法则，若以"南门见"为岁始，则"南门正"必在岁中，故能为《大正》所取法。

《左传·文公元年》曰：

> 先王之正时也，履端于始，举正于中，归余于终。履端于始，序则不愆；举正于中，民则不惑；归余于终，事则不悖。

---

[1] 《新唐书·历志》引一行《大衍历议·日度议》，《历代天文律历等志汇编》第七册，中华书局，1976 年，第 2184 页。

[2] 转自夏纬英：《夏小正经文校释》，农业出版社，1981 年，第 63 页。

《史记·历书》《汉书·律历志》并引此语,《汉志》及《集解》、颜师古注等均以无中置闰法解之,颜师古望文生义把"举正于中"解释为"举中气以正月也",皆误。其一,此"先王之正时"当指三代之"先王",其时观象授时,尚未发明推步历,何来无中置闰?其二,传文明言"归余于终",意谓将余分归于年终,即年终置闰,显而易见两种置闰法不可能同时并用。其三,这段文字之前还有一句话是"于是闰三月,非礼也",全文意思是批评"闰三月"即无中置闰法的,主张推行先王之法"归余于终,事则不悖"。其四,按文意"举正于中"的"中"不能解释为中气,应与"始""终"一并解释为岁始、岁中、岁终。"履端于始"的"端"当即《夏小正》中作为岁始的见星,如"正月鞠则见"是其例。其五,"举正于中"的"正"当即作为岁中的正星,如《夏小正》"七月初昏织女正东向"是其例。兹据《夏小正》经文所记,按"先王正时"之法,以"南门见"为岁始,以"南门正"为岁中,所得"大正"历法正好是亥正历;以"鞠则见"为岁始,以"初昏织女正东向"为岁中,所得"小正"历法为寅正历(见表1):

表1 《大正》《小正》所取法的天象

履端于始举正于中		月序		《大正》取法	《小正》取法	斗建
		亥正	寅正			
岁始	大正	1月	十月	南门见		建亥
	小正	4月	正月		鞠则见	建寅
岁中	大正	7月	四月	初昏南门正		建巳
	小正	10月	七月		初昏织女正东向	建申

以公元前 600 年为例（计算方法详见下文），农历四月中气小满点，昏时南门一（半人马 β）位于太阳以东 115°.887（赤经差，下同），合于"初昏南门正"；同时昴宿位于太阳以西 37°.7441，合于"昴则（晨）见"。十月中气小雪点，旦（又称为"晨"或"明"）时南门一（半人马 β）位于太阳以西 64°.1135，合于"南门（晨）见"。这三条天象应是楚历"颛顼大正"用以"正时"的重要标准（见图 1），尤其是用以"举正于中"的那条标准"初昏南门正"，具有非常明确的定点意义。

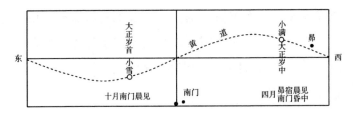

图 1　大正的岁首和岁中

三、授时天象的年代

　　如上所考，"南门见"与"南门正"是楚历"颛顼大正"用来观象授时的星象标准，但由于"见"星的分布范围可能比较宽泛或者我们不是很清楚，因而难以用来计算该天象发生的确切年代，而对于"正"星则可以准确断代。"南门正"即南门星南正于天中，位于正南方，正好在天球子午圈上，上中天，因此这一"正"星就是现代天文学所称的"中星"。由于岁差的主要原因，在观测时刻确定的情况下，某星"中天"只可能发生在特定年代的特定时节，古人利用它与特定时节的关系来进行观象授时，我们则可以利用它与特定年代的关系来进行天文断代。利用中天星（经）来授时，现代天文学称之为"中星授时"，这一点古代天文学与

23

现代天文学并无本质差别，只不过观测仪器和其精度不一样而已。因此我们可以利用南门星与昏中经合二而一这一定点条件（见图2），来断定楚历"大正"观象授时的年代。

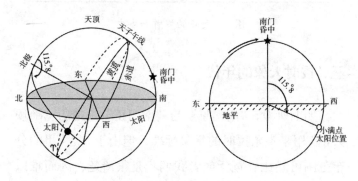

图2 南门星昏中示意图

（一）计算条件

对"南门昏中"这一古代天象进行天文学年代计算，还须设定一些基本条件。

（1）南门星的对应星。

取荷兰汉学家施古德据清初星象资料所作《星辰考原》中的证认，以半人马（Cen）β、α 分别为南门一、南门二，前者为0等星，后者为0.6等星，符合《史记·天官书》南门为"两大星"的记载[1]。根据"先见为距"的习惯，我们把位于西侧的南门一（半人马 β），作为昏星的对应星。

（2）观测季节（太阳位置）。

据胡铁珠的研究，夏历为寅正历、无中置闰，因此《夏小正》星象大多发生在该月中气点[2]，故"大正"岁首为十月中气小雪，太阳黄经为 $\lambda = 240°$；年中在四月中气小满，太阳黄经为 $\lambda = 60°$。

（3）观测时刻（昏终时刻）。

观测时间在黄昏终止时刻，简称昏时或单称"昏"。昏终时刻决定于日落之后日光影响（余晖）的程度，并不能简单地对应于日落后多少刻，因为在冬季和夏季日落后的同长一段时间内，日光影响的程度并不一样，中国古代是通过建立一套昼夜漏刻制度来得到昏旦时刻的，其计算方法《续汉书·律历志》记载有东汉时期的经验公式[3]：

[1] 胡铁珠：《夏小正星象年代研究》，《自然科学史研究》，2000 年第 3 期。

[2] 《新唐书·历志》引一行《大衍历议·日度议》，《历代天文律历等志汇编》第七册，中华书局，1976 年，第 2184 页。

[3] 《续汉书·律历志》，《历代天文律历等志汇编》第五册，中华书局，1976 年，第 1530 页。

> 昏明之生，以天度乘昼漏，夜漏减之，二百
> 而一，为定度。以减天度，余为明；加定度一为昏。

此昏时指自午中至昏终的长度[1]，即：

昏 = 定度 +1=（昼漏 × 周天度 – 夜漏）/200+1

采用此公式计算昏终时刻，可避免因观测地纬度选取不当以及对昏旦长度的设定不当而导致的误差。

先秦的漏刻制度文献失载，我们选取《续汉书·律历志》所载东汉漏刻制度[2]，四月小满昼漏 63.9 刻，夜漏 36.1 刻；十月小雪昼漏 46.7 刻，夜漏 53.3 刻，得到：

小满昏时为下午 7 时 43.3 分（合 115°.828），

小雪旦时为早晨 6 时 24.81 分（合 96°.2025）。

（二）计算步骤与方法

（1）设定一个年代范围，如公元前 200—前 1000

---

[1] 关于这一公式原理的证明，参见业师陈美东著：《古历新探》第三章《冬至太阳所在宿度的测算》，第 81 页，辽宁教育出版社，1995 年；又见陈美东：《中国冬至太阳所在宿度的测算》，收入薄树人土编：《中国传统科技文化探胜》，科学出版社，1992 年。

[2] 《续汉书·律历志》，《历代天文律历等志汇编》第五册，中华书局，1976 年，第 1532—1533 页。

年，根据纽康公式算得某一历史年代的黄赤夹角：

$$\varepsilon = 84381.448 + 46.8150\,T + 0.00059\,T^2 - 0.001813\,T^3\,(秒)$$

式中 T 为自标准历元 J2000.0 起算的世纪数。

（2）已知节气点（如小满）的太阳黄经 λ 及黄赤夹角 ε，根据天文三角关系求出当时的太阳赤经 α 和赤纬 β。

$$\mathrm{Sin}\,\delta = \mathrm{Cos}\,\varepsilon\,\mathrm{Sin}\,\beta + \mathrm{Sin}\,\varepsilon\,\mathrm{Cos}\,\beta\,\mathrm{Sin}\,\lambda$$

$$\mathrm{Cos}\,\delta\,\mathrm{Cos}\,\alpha = \mathrm{Cos}\,\beta\,\mathrm{Cos}\,\lambda$$

（3）取定节气点（如小满）的昼夜漏刻数据，根据东汉经验公式计算昏终（或旦始）时刻。

（4）计算昏星中天经度

昏中经 = 太阳赤经 + 昏终时刻

昏中经随年代的推移上升幅度极小，呈近似平直线的变化趋势（见图 3）。

（5）查星历表得南门星（半人马 β）赤经在历史年代上的系列值。

陕西天文台刘次沅博士编撰的《星历表》考虑到岁差、自行等各种可能因素，误差控制在 1° 范围之内，是目前最权威、最精确的历史星表，本文数据取自该表[1]。数据显示南门一（半人马β）的赤经随年代推移，呈近似直线上升的变化趋势（见图3）。上述计算的有关数据列为表2。

表2　南门星昏中计算数据表　　　单位（°）

| 年代（t） | 黄赤夹角（ε） | 小满点太阳位置 | | 小满昏中经（Y） | 南门星赤经（Y） |
		赤纬（α）	赤经（δ）		
-200	23.7201	20.388	57.7635	173.5915	178.5227
-250	23.7262	20.3932	57.7622	173.5902	
-300	23.7323	20.3983	57.761	173.589	177.2824
-350	23.7384	20.4035	57.7599	173.5879	
-400	23.7445	20.4086	57.7587	173.5867	176.0557
-450	23.7506	20.4137	57.7576	173.5856	
-500	23.7566	20.4189	57.7564	173.5844	174.842
-550	23.7627	20.424	57.7553	173.5833	
-600	23.7687	20.429	57.7536	173.5816	173.6405
-650	23.7746	20.4341	57.7524	173.5804	
-700	23.7806	20.4391	57.7513	173.5793	172.4508
-750	23.7866	20.4442	57.7501	173.5781	
-800	23.7925	20.4492	57.749	173.577	171.2722
-850	23.7984	20.4542	57.7478	173.5758	
-900	23.8043	20.4592	57.7467	173.5747	170.1041
-950	23.8101	20.4641	57.7456	173.5736	
-1000	23.816	20.469	57.7444	173.5724	168.9461

（6）解方程组得南门昏中的年代。

小满昏中经及南门赤经随年代的变化，基本呈直线变化趋势，通过数据拟合可得到其回归直线与方程，

---

[1]　刘次沅:《星历表》（由作者向本人提供）。

将这两个方程联立解方程组，即得到昏中经与南门赤
经合而为一的年代（见图 3）。

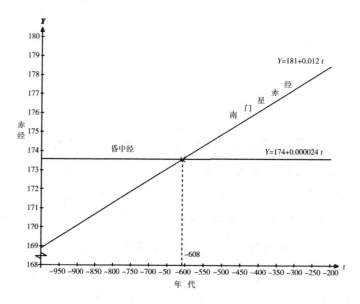

图 3　南门星昏中的年代

本文计算采用 Wolfram 公司的 Mathematica 4 软件，
数据拟合采用 MFSoft International 公司的 Regression
Analyzer 3.2 软件。得到南门星（半人马 β）昏中经的
年代变化线的拟合方程为：

$$Y=181+0.012\,t$$

小满昏中经的年代变化线的拟合方程为：

$$Y=174+0.000024\,t$$

两条昏中经变化线的交点在公元前 608 年左右，此即南门星在小满节气昏中的年代。

四、结语

计算和模拟表明：以年代为横坐标，昏中经变化线与南门（半人马 β）赤经变化线的交点在公元前 608 年，昏中赤经为 173°.582（见图 3）。此即"南门昏中"天象发生的理论年代。

考虑到各种误差的存在，如漏刻精度（东汉最小刻度为 0.1 刻 =0°.36，小于此数则测不出），仪器误差（如刻度、结构及安装等带来的误差），观测误差（因人而异），以及星历表误差（刘次沅星历表误差在 1°范围之内）等等，从而引起 3—4° 的昏中经误差是很正常的，由于岁差的原因，这将导致被实际认可的天象年代与计算理论值之间的误差达到 ±200—300 年。也就是说，大约自公元前 900 到前 300 年，前后达 600 年左右的年代范围内，"四月初昏南门正"被认为是符合实际天象的。这一年代范围相当于自西周早中期至战国中晚期，出土使用"大正"（亥正）历法竹简的战国楚墓，年代属于战国中晚期，在此年代覆盖范围之内。

战国晚期秦占楚地南郡、黔中等广大地区，秦人（官员、军户、移民等）与楚遗民广泛杂居，为方便军民生活，秦统治者在占领地继续施用"大正"（亥正）的同时，还颁订了一套"秦楚月名对照表"[1]，以与"小正"（寅正）同时并行。

秦始皇统一六国后因受五行之说"水德代周"的影响，干脆发布行政命令"改年始，朝贺皆自十月朔"[2]。《汉书·律历志》称之为"以十月为正"[3]，《史记·历书》称之为"正以十月"[4]。这就使得后人产生一个很大的误会，把这种以十月为岁首、把闰月（置于岁终）称为"后九月"的古历，称为"秦正建亥"[5]。实际上秦朝根本就

[1]《云梦睡虎地秦墓》编写组：《云梦睡虎地秦墓》，文物出版社，1981年。

[2]《史记·秦始皇本纪》，中华书局，1959年，第237页。

[3]《汉书·律历志》，《历代天文律历等志汇编》第五册，中华书局，1976年，第1399页。

[4]《史记·历书》，《历代天文律历等志汇编》第五册，中华书局，1976年，第1351页。

[5]〔唐〕司马贞《史记·历书·索隐》："秦正建亥，汉初因之"。参见《历代天文律历等志汇编》第五册，中华书局，1976年，第1347页。

没有制定和颁行过任何新的历法，何来"秦正"之说？所谓"秦正"者，实即"大正"也。

汉初采用何种历法，取决于两方面的因素：其一，受五行之说"水德代周"的影响，《史记·历书》载"汉兴，高祖……亦自以为获水德之瑞，虽明习历及张苍咸以为然。"[1] 其二，张苍并不是完全附和刘邦，而是采取了比较科学的态度，"用《颛顼历》，比于六历，疏阔中最为微近"，从而促使刘邦决定"袭秦正朔"[2]。这是历史上政治和学术结合得比较好的一个例子。正因为此，我们可以大胆断言：秦及汉初施行的"大正"（亥正）属于《颛顼历》。《颛顼历》是统称，大、小正并用，早期施行于楚国，为秦及汉初所袭用。以秦汉之际（公元前 200 年左右）的实际天象，对照早期文献记载的观象授时，肯定会出现"疏阔"，这与本文的计算结果也是很符合的——因为秦汉时期已超出"大正"定点天象的理论年代所允许的误差范围。

---

[1] 《云梦睡虎地秦墓》编写组：《云梦睡虎地秦墓》，文物出版社，1981 年。

[2] 《汉书·律历志》，《历代天文律历等志汇编》第五册，中华书局，1976 年，第 1400 页。

The Standard Star and its Adopting Years of the "Da Zheng" Calendar of State Chu

Abstract: In this article, "Da Zheng", recorded in the classical scripture "Xia Xiao Zheng", which is based on the observatory of Beta Centauri, is demonstrated exactly to be the same as "Hai Zheng" in the bamboo slips of State Chu, pertaining to the Zhuanxu Calendar. "Nan Men Hun Zhong", Beta Centauri's presence in the upper culmination at the end of the civil evening twilight is the great astronomical phenomenon adopted by the "Da Zheng" calendar of State Chu, which assigned the tenth month of Xia calendar as the initial month of the year. Thus, the date of its actual occurrence can be calculated based on some elementary postulate. To avoid making mistakes owing to different observatory latitude selection and improper settings of twilight timing, an empirical formula used in Eastern Han Dynasty is employed to calculate the ending time of civil evening twilight. Then check the right ascension data of Beta Centauri in the ephemeris compiled by Doc.

Liu Ciyuan.The date where the right ascension data of Beta Centauri matches that of meridian transit at the end of the civil evening twilight on Lesser Fullness is the occurrence year of "Nan Men Hun Zhong".The date calculated is 608 B.C. in theory, and the adopting period of the "Da Zheng" calendar of State Chu may range from early to middle period of western Zhou dynasty to middle-late period of Warring States, taking some factors that possibly cause errors into account.In Zhuanxu Calendar of State Chu, "Da Zheng" (Hai Zheng) and "XiaoZheng"(Yan Zheng) coexist and go down to Qin and early Western Han Dynasty.

Key words: Da Zheng, Hai Zheng, Nan Men Hun Zhong (Beta Centauri's presence in the upper culmination)

（原载于《楚学论丛》(第三辑)，湖北人民出版社，2014年，第159—169页）

云梦秦简日夕表与楚历问题

云梦睡虎地秦简《日书》中有一份秦、楚月名与日夕数对照表，记载了不同月份的昼夜长短数据，昼夜长度是用分数来表示的[1]，兹按秦简的排列方式记录如下：

表1　秦楚月名、日夕对照表

十月楚冬夕日六夕十	二月楚夏屎日八夕八	六月楚九月日十夕六
十一月楚屈夕日五夕十一	三月楚纺月日九夕七	七月楚十月日九夕七
十二月楚援夕日六夕十	四月楚七月日十夕六	八月楚灾月日八夕八
正月楚刑夷日七夕九	五月楚八月日十一夕五	九月楚献马日七夕九

这套数据把一昼夜划分为十六等分，秦历五月

[1] 《云梦睡虎地秦墓》编写组:《云梦睡虎地秦墓》，文物出版社，1981 年。

白昼最长，占十六分之十一，当是夏至所在月；十一月白昼最短，仅占十六分之五，当是冬至所在月；二月、八月昼夜平分，各占十六分之八，当是春分、秋分所在月。关于分至所在月的文献记载最早见于《尚书·尧典》：

> 日中星鸟，以殷仲春；
>
> 日永星火，以正仲夏；
>
> 宵中星虚，以殷仲秋；
>
> 日短星昴，以正仲冬。

此即"四仲中星"授时法。所谓"日永""日短"意指日（昼）最长、日（昼）最短；"日中""宵中"意谓昼夜平分。类似的记载还见于《吕氏春秋·十二纪》：

> 仲春之月，……是月也，日夜分；
>
> 仲夏之月，……是月也，日长至；
>
> 仲秋之月，……是月也，日夜分；
>
> 仲冬之月，……是月也，日短至。

按古六历中《夏历》或《颛顼历》的月序，岁首在
孟春正月，仲春是二月、仲夏是五月、仲秋是八月、
仲冬是十一月，则《尧典》《吕氏春秋》记载的分至所
在月，与秦简日夕表中列出的秦历月序及昼长数踞完
全相合（见表二）。与日夕表数踞相同的记载，还见于
东汉王充《论衡·说日篇》：

> 五月之时，昼十一分，夜五分；六月，昼十分，
> 夜六分。从六月往至十一月，月减一分。

据此可知秦简所谓"日""夕"就是《论衡》所说
的"昼""夜"，而日夕表就是用来判定分、至所在即
用来划分季节的，划分季节的依据就是昼夜长短的
变化。需要指出的是秦简中的"日""夕"与汉代昼夜
漏刻制度中的"昼""夜"概念是不同的，汉制昼漏刻
包括昏、旦时刻在内，例如春分、秋分本应昼夜平
分，然而《后汉书·历律志》载春分昼漏五十五刻八
分、夜漏四十四刻二分，秋分昼漏五十五刻二分、夜
漏四十四刻八分，其昼漏多出夜漏的部分显然为昏旦
时刻，大约相当于现代民用晨昏蒙影时刻。秦简把

春、秋二分所在的二月、八月记为"日八、夕八"（昼夜平分），可知秦简中的"日""夕"概念相当于现代时角概念中的昼弧和夜弧（在二分时昼夜平分），即所谓"日"是指自日出至日落之间的时间，"夕"是指自日落至日出之间的时间。王充《论衡》中的"昼""夜"分与秦简"日""夕"数使用的是同一时间概念。可以看出秦日夕表与汉昼夜漏刻制恰好相反，汉制昼漏包括昏旦时刻（日出前、日落后的蒙影时刻），而秦制夕（夜）分包括昏旦时刻，两者相差甚巨。《初学记》卷二十五引《梁漏刻经》认为汉漏刻制"或秦之遗法，汉代施用"，此说显系猜测，为秦简日夕表所否定。又，汉漏采用一日百刻制，秦简日夕表采用一日十六分制，两者的单位不整合，即秦制一时分（十六分之一日）不等于汉制整数刻，从这一角度来看，在计时制度上汉承秦制也是不可能的。

历法上的自然季节是根据太阳在黄道上的位置来划分的，即以春分点为起点把黄道划分为二十四等分，每一等分就是一个节气。先秦时期我国先民一般通过圭表观测晷影长度来得到太阳的相对纬度位置，并以此划分季节。譬如一年之中，正午晷影达到最长时，表明太阳到达赤道以南的最南点，是为冬至；晷影最短时，表明太阳到达赤道以北的最北点，是为夏至；影长居中时，表明太阳正好位于赤道上，是为春分、秋分。相传周朝在东都洛邑专门设立圭表以测日影，表高八尺，称为"周髀"，《周礼·大司徒》《淮南子·天文训》等载有冬、夏二至的晷影长度；成书于两汉之际的《周髀算经》还载有一套完整的二十四节气晷影长度，是这种划分季节方法的典型例子。此外还有所谓"中星授时"法。我国先民很早就掌握了利用昏（旦、夜半）中星推算太阳位置的方法，如《国语·周语上》载周宣王元年（公元前827年）虢文公言曰："农祥晨正，日月厎于天庙。"韦昭注："农祥，房星也；……天庙，营室也；孟春之月，日月皆在营室也。"这是利用旦中星来推算太阳位置的例子。《国语·周语下》载周景王（公元前544—520年在位）时伶州鸠言曰："昔武王伐纣，岁在鹑火，月在天驷，日在析木之津……"如果这段记载可靠，则至晚在商末周初我国先民即已掌握推算太阳位置的方法。史载吕不韦得到《颛顼历》曾经"更考中星，断取近距"（《新唐书·历志》），其所考定的昏、旦中星以及根据中星推算出的太阳位置，一并记载在《吕氏春秋·十二纪》中（见表2），并为《礼记·月令》所完全继承，以作为划分季节的天象依据。然而依靠中星只能推算出太阳的赤经位置而非黄道位置，如欲划分季节，还必须借助昼夜长度才能确定自然季节与中星及太阳位置的对应关系，如《续汉书·律历志》所言：

> 孔壶为漏，浮箭为刻，下漏数刻，以考中星，昏明生焉。……中星以日所在为正。

是谓日在位置依中星考定，中星位置依漏刻考定。以漏刻定中星包含两层意思，其一是以漏刻定昏旦时刻；其二是根据昼夜漏刻的长度来对应某月中星。前者即使无漏刻，也可根据经验来判定晨光始与昏影终的大致时刻；后者则必须借助漏刻才能测定昼夜的长度。《尧典》"日短""日永""日中""宵中"就是指昼夜长短的变化，而所谓"四仲中星"实质上是根据昼夜长度来判断二分二至所在。秦简日夕表的出土表明，早在先秦时期我国先民即已掌握通过测量日（昼）夕（夜）长度来划分自然季节的方法。

昼夜长度的测量与晷影测量一样是我国古代历法用来划分自然季节的最基本的方法。《汉书·律历志》载：

> （武帝时）议造汉历，乃定东西，立晷仪，下漏刻，以追二十八宿相距于四方，举终以定晦朔分至，躔离弦望。

这表明汉武帝时已将两种基本方法同时并用、互相对勘，并在此基础上建立起中星（二十八宿）、日在位置（日躔）与"分至"等自然季节之间的对应关系。《太初历》以前是否有过"晷仪"与"漏刻"同时并用的情况，目前尚难确知，但先秦时期两者已被分别发明并使用应该是没有问题的。

日夕表中的每一个数据都固定地与某个月份相联系，这表明二分二至也固定地与某月份相联系，诚如是则秦、楚两国历法都应采用"无中置闰"法设置闰月。如《汉书·律历志》：

> 《经》于四时，虽亡事，必书时、月。时，所

以记启闭也；月，所以记分至也。启闭者，节也；分至者，中也。节不必在其月，故时中必在正数之月。

蔡邕《月令章句》：

孟春以立春为节，惊蛰为中。中必在其月，节不必在其月。据孟春之惊蛰在十六日以后，立春在正月；惊蛰在十五日以前，立春在往年十二月。

"无中置闰"法可以保证诸中气（含分至）"必在正数之月"；如果采用"年终置闰"法则会导致分至"不在其月"，那么日夕数就不可能固定地与月份相联系了。秦简日夕表的出土表明先秦时期至少在理论上已经确立"无中置闰"的原则，然而实际上并未普遍施行，秦及汉初历法均以十月为岁首、闰月置岁终称"后九月"，与日夕表同时出土的《编年记》就有"五十六年后九月"的记载，理论与实际之脱节如是，殊不可解。

由于秦简日夕表中附上了楚月名，这就为我们弄清秦、楚两国历法的建正问题提供了重要帮助。关于古历的建正问题，唐司马贞《史记·历书·索隐》按：

> 古历者，谓黄帝《调历》以前……皆以建寅为正，谓之孟春也。及颛顼、夏禹亦以建寅为正，唯黄帝及殷、周、鲁并建子为正。而秦正建亥，汉初因之。至武帝元封七年改用《太初历》，仍以周正建子为十一月朔旦冬至，改元太初焉。
>
> 汉始以建亥为年首。

所谓"秦正建亥"实始于汉人之说，《汉书·律历志上》载云"位于亥，在十月"；又曰"秦兼天下，未皇暇也……乃以十月为正。"《史记·秦始皇本纪》载此次改历的原因：

> 始皇推终始五德之传，以为周得火德，秦代周德，从所不胜。方今水德之始，改年始，朝贺皆自十月朔，衣服旄旌节旗皆尚黑。

"年始建亥"与"正月建亥"是两个不完全相同的概念，应该区分开来，云梦秦简《编年记》《日书》等记载表明秦统一以前已将"年始"改在十月，但并没有把"年始"改叫"正月"。日夕表的排列方式明白无误地表明秦历的"年始"是与"正月"相分离的，日夕数据表明秦历年始（十月）在亥月，而正月在寅月，严格地说应是正月建寅、岁首建亥（见表2），因此把秦历称为"亥正"历是不准确的，应称为"亥首寅正"或"亥始寅正"历。关于秦始皇"改正朔"，《汉志》称之为"以十月为正"，《史记·历书》称之为"正以十月"，可能始皇曾经废除日夕表中的寅正月序，而改用以民历十月为官历正月的新月序即亥正月序（与楚简月序相同，见表2），那么可称始皇新历为亥正历，然则改历以前的秦历应是亥首寅正历。秦始皇改历以前真正的亥正历法是楚国官历，详考如下：

首先，根据秦楚月名对照及日夕数据可以推定楚历的月建。"月建"又叫"斗建"，指十二月份的斗柄指向，如《淮南子·天文训》载：

帝张四维，运之以斗，月徙一辰，复返其所。

正月指寅，十二月指丑，一岁而匝，终而复始。

此所谓"斗杓建"，指在初昏时观测北斗第六星（开阳）与第七星（摇光）连线所指向的地平方位。另有所谓"斗衡建"，如《大戴礼记·夏小正》载：

正月，……初昏参中，斗柄悬在下。

"斗柄悬在下"指北斗第五星（衡）与第七星（摇光）的连线垂直向下指向正北方（子位）；初昏指子，则夜半必指寅。《史记·天官书》曰：

用昏建者杓，……夜半建者衡。

《集解》《索隐》并引孟康曰：

假令杓昏建寅，衡夜半亦建寅。

因此不论是采用"斗杓建"还是"斗衡建"，所得月建是一样的，这就使得月建成为人们判断自然季节

的经念方法，其与中气的对应关系：冬至建子、大寒
建丑、雨水建寅等。秦简日夕表给出了秦、楚各月的
昼夜长短数据，据此很容易列出各月所对应的斗建与
中气（见表2）。

表2　秦楚月名、日夕数据与节气、天象对照表

云梦秦简			江陵楚简		《尧典》		《吕氏春秋》		对应中气	十二月建
秦历	楚历	日夕	月名　月序		昼长	中星	日在	昏中　旦中		
十月	冬夕	6　10	冬柰	正月			尾	危　　七星	小雪	建亥
十一月	屈夕	5　11	屈柰	2月			斗	东壁　轸	冬至	建子
十二月	援夕	6　10	远柰	3月	日短	星昴	婺女	娄　　氐	大寒	建丑
正月	刑夷	7　9	刓层	4月			营室	参　　尾	雨水	建寅
二月	夏层	8　8	夏层	5月			奎	弧　　建星	春分	建卯
三月	纺月	9　7	亯月	6月	日中	星鸟	胃	七星　牵牛	谷雨	建辰
四月	七月	10　6	夏柰	7月			毕	翼　　婺女	小满	建巳
五月	八月	11　5	八月	8月			东井	亢　　危	夏至	建午
六月	九月	10　6	九月	9月	日永	星火	柳	心　　奎	大暑	建未
七月	十月	9　7	十月	10月			翼	斗　　毕	处暑	建申
八月	爨月	8　8	爰月	11月	宵中	星虚	角	牵牛　觜携	秋分	建酉
九月	献马	7　9	献马	12月			房	虚　　柳	霜降	建戌

　　其次，根据楚月序可以推定楚历的建正。日夕表
中楚历有八个特殊月名，另外四个月份以自然月序为名
（七、八、九、十月），江陵楚简中的月名，除了特殊月
名中的同音假借字之外，其他与秦简中的楚月名基本一
致（见表2）。特别值得注意的是两者都有三个相同的数
字月名（八、九、十月），这表明楚历本来就是用特殊月

名与自然月序来共同纪月的。以往人们曾经希望能够找到与八、九、十月相当的特殊月名[1]，但江陵望山、天星观、包山、九店楚墓等出土竹简所载大量月名材料表明，八月、九月、十月与其他相应月名先后次序明确、连接紧密，在这三个月的位置上未发现有别的月名可以取代的迹象。于是我们以八月、九月、十月为基点，向上逆推、向下顺延即得到楚历各月的自然月序，从而可以确定楚历正月在建亥之月（详见表2）。

再次，江陵九店五十六号楚墓第96号竹简载有某个月份合朔时的太阳位置，其文曰：

□□层朔于瑩，夏层□，享月□，夏栾□，八月□，九月□徙，十月□□[2]。

"瑩"是"营室"的合文，按照楚月名的顺序"朔于"之前的月名应是"酲层"，按自然月序应是楚历四月；检查表2，楚四月日在营室，则正月必是建亥之月

---

[1] 王胜利：《再谈楚国历法的建正问题》，《文物》1990年第3期。

[2] 李家浩：《江陵九店楚墓五十六号墓竹简释文》，《江陵九店东周墓》附录二，科学出版社，1995年。

无疑[1]。

此外，文献典籍中还可以找到若干有关楚用亥正历法的证据。何幼琦先生曾经指出，对于楚国历史上发生的三件大事——郑敖死日、楚师灭陈、灵王死日等，《春秋》《左传》《史记·楚世家》分别有两种不同的记载，两者之间前后相差一个月[2]；王胜利先生认为这是由《春秋》用鲁历（子正）、《楚世家》用楚历（亥正）、《左传》杂用两历造成的（见表3）[3]，这是很有见地的。笔者从包山楚简中找到一条关于楚屈荡受命为莫敖的记载，与《左传》所记同一事件正好多出一月，其文（包简7）曰：

> 齐客陈豫贺王之岁，八月，乙酉之日，王廷于蓝郢之游宫安，命大莫嚣（敖）屈昜（荡）为命[4]。

---

[1] 武家璧：《楚用亥正历法的新证据》，《中国文物报》，1996 年 4 月 21 日第 3 版。

[2] 何幼琦：《论楚国之历》，《江汉论坛》，1985 年第 10 期。

[3] 王胜利：《关于楚国历法的建正问题》，《中国史研究》1988 年第 2 期。

[4] 湖北省荆沙铁路考古队：《包山楚墓》，文物出版社，1991 年。

《左传·襄公二十四年》：

> 秋，齐侯闻将有晋师，使陈无宇从远启强如楚，辞；且乞师。

又《襄公二十五年》：

> 秋七月，……楚远子冯卒，屈建为令尹，屈荡为莫敖。……八月，楚灭舒鸠。

向楚王致辞的齐使陈无宇，即包简所载当年"贺王"的"齐客陈豫"，次年屈荡被楚康王任命为莫敖，按楚国纪年法以头年之事纪次年之岁的规则[1]，则"陈豫贺王之岁"就是鲁襄公二十五年（公元前 548 年）。查张培瑜《中国先秦史历表》，公元前 548 年子正七月、亥正八月实朔己未，乙酉为 27 日；历朔或在丁巳、戊午，月内均含乙酉，故包简所记合于亥正。这与王胜利先

---

[1] 刘彬徽：《楚国纪年法简论》，《江汉考古》1988 年第 2 期；刘彬徽：《从包山楚简纪时材料论及楚国纪年与楚历》，《包山楚墓》附录二一，文物出版社，1990 年。

生从文献记载差异所得的结论是一致的（见表3）。

表3 子正、亥正对同一事件的不同记载

楚国历史事件	纪年			材料出处		纪月		纪日
	鲁公	楚王	公元前	用鲁历	用楚历	子正	亥正	干支
屈荡为莫敖	襄公二十五年	康王十二年	548年	左传		七月		
					包山楚简		八月	乙酉
楚郏敖卒	昭公元年	郏敖四年	541年	春秋左传		冬十一月		己酉
						十一月		己酉
					楚世家		十二月	己酉
楚师灭陈	昭公八年	灵王七年	534年	春秋		冬十月		壬午
					左传		冬十一月	壬午
楚灵王卒	昭公十三年	灵王十二年	529年	春秋		夏四月		
					左传		夏五月	

从表3可以看出，楚国至晚在春秋晚期楚康王十二年（公元前548年）以前已经使用亥正历法。秦历岁首建亥很可能是受了楚历的影响，故秦简日夕表把楚地行用已久的亥正历列出，以便与秦历对照。

文献记载楚人的祖先是颛顼时期的重黎氏，帝喾时期为祝融氏，重黎氏是中国古代历法的鼻祖，《国语·楚语下》：

　　颛顼受之，乃命南正重司天以属神，命火正

黎司地以属民。

火正黎观测大火星以制定民历,故称"火正"[1];南正重观测南门星以制定神历,故称"南正"。《大戴礼记·夏小正》:

　　四月,……初昏,南门正。南门者,星也,岁再见,一正,盖《大正》所取法也。
　　十月,……初昏,南门见。南门者,星名也,及此再见矣。

所谓《大正》,是相对《小正》而言的,二者又分别称为"天正""人正",如《续汉书·律历志》曰"天正正月甲子朔旦冬至,……人正己巳朔旦立春",是所谓"天正建子""人正建寅";二者实肇始于上古的"南正"与"火正"即神历与民历之分。关于南门星,《史记·天官书》曰"亢为疏庙,其南北两大星曰南门",清王聘珍《大戴礼记解诂》:

---

[1] 庞扑:《火历钩沉——一个遗佚已久的古历之发现》,《中国天文学史文集》(第六集),科学出版社,1994年。

传云"岁再见一正"者，亢宿四月正于中，九月旦见东方，六月昏见西方也。

经传文有讹变，十月初昏，南门伏，非见也。

王筠《夏小正正义》引：

> 顾氏（凤藻）注经曰：初昏字盖衍文，夏时日躔星纪（按《汉志》在斗 12—女 7 度），南门在日后，朝见东南隅。

依《吕氏春秋》十月日躔尾宿，南门仍在日后（西），合朝见，不合昏见，故此处只能减字解经，视"初昏"二字为衍文，庶几可通。然而这并不影响下文所作的推论，因为南门仍是见星，自"南门见"至"南门正"之间正好相差半年，按照《夏小正》"正月鞠则见"以见星为岁始的法则，若以"南门见"为岁始，则"南门正"必在岁中，故能为《大正》所取法。《左传·文公元年》曰：

> 先王之正时也，履端于始，举正于中，归余

于终。履端于始，序则不愆；举正于中，民则不惑；归余于终，事则不悖。

《史记·历书》《汉书·律历志》并引此语，《汉志》及《集解》、颜师古注等均以无中置闰法解之，颜师古望文生义把"举正于中"解释为"举中气以正月也"，实误。其一，此"先王之正时"当指三代之"先王"，其时观象授时，尚未发明推步历，何来无中置闰？其二，传文明言"归余于终"，意谓将余分归于年终，即年终置闰，显而易见两种置闰法不可能同时并用；其三，这段文字之前还有一句话是"于是闰三月，非礼也"，全文意思是批评"闰三月"即无中置闰法的，主张推行先王之法"归余于终，事则不悖"；其四，按文意"举正于中"的"中"不能解释为中气，应与"始""终"一并解释为岁始、岁中、岁终。"履端于始"的"端"当即《夏小正》作为岁始的见星，"举正于中"的"正"当即作为岁中的正星（《夏小正》"七月初昏织女正东向"）。兹按先王正时之法，以"南门见"为岁始，以"南门正"为岁中，所得《大正》历法正好是亥正历；以"鞠则见"为岁始，以"初昏织女正东向"

为岁中，所得《小正》历法为寅正历（见表4）。

表4 《大正》《小正》所取法的天象

履端于始举正于中		月 序		《大正》取法	《小正》取法	斗建
		亥正	寅正			
岁始	大正	正月	十月	南门见		建亥
	小正	4月	正月		鞠则见	建寅
岁中	大正	7月	四月	初昏南门正		建巳
	小正	10月	七月		初昏织女正东向	建申

"履端于始，举正于中"本是上古观象授时历的传统，至推步历时代代之以建正，从而形成不同的历法派别，所谓"古六历"是也。楚简所用历法月正建亥，不见于六历，而与取法于南门的《大正》相合，可见楚历实源于观象授时时代的古亥正历，殆即南正重系统传承下来的神历。楚简九个特殊月名的第二个字均从"示"，显然与祭祀有关，这与南正重"司天以属神"的职掌也十分相符。从族源关系与文化传统来看，楚国历法应属于《颛顼历》系统，因此楚简所用历法或可称为《颛顼大正》。

长沙子弹库楚墓出土帛书载有另一套月名，与《尔雅·释天》所载始陬终涂、属于寅正系统的十二月名基本一致，学者或据此推定楚行夏正[1]，非是。帛书用历实为《颛顼小正》，与《夏小正》建正相同，故易混。楚简所用为楚国官历，帛书所用为民历，两历并行，各成体系，互不相干。古六历中的《颛顼历》与《夏历》属于《小正》系统，后者与前者之间似乎存在一定的渊源关系，如《晋书·律历志》所言：

> 颛顼以今孟春正月为元，其时正月朔旦立春，五星会于天庙营室也，……鸟兽万物莫不应和，故颛顼圣人为历宗也。……夏为得天，以承尧舜，从颛顼也。

《新唐书·历志》引一行《大衍历议·日度议》

> 《颛顼历》上元甲寅岁正月甲晨初合朔立春，七耀皆值艮维之首。盖重黎受职于颛顼，九黎乱德，二官咸废，帝尧复其子孙，命掌天地四时，以及虞、夏。故本其所由生，命曰《颛顼》，其实

---

[1] 曾宪通：《楚月名初探》,《中山大学学报（社科版）》1980 年第 1 期。

《夏历》也。

从月名与建正相同的角度来看，《颛顼小正》为《夏小正》所继承是可信的。古六历中的《周历》《鲁历》属于《大正》系统，正月建子，似与正月建亥的《颛顼大正》无关；由于文献缺失，目前尚难言及《颛顼大正》与他历的关系，仅知其一直为楚国官方所施用。秦人占领楚地后，为巩固占领区统治的需要，遂取楚国行用已久的《大正》岁首与本国《小正》建正杂而为历，这就是我们所见到的秦简日夕表正月建寅、岁首建亥的面貌，颇类似《国语·楚语》所云"九黎乱德，民神杂柔"之类的杂柔历。

（《原载于考古与文物》2002 年先秦考古专号，第318—323 页）

论秦简"日夕分"为地平方位数据

[**摘要**]云梦睡虎地、天水放马滩秦简《日书》中的"日夕（夜）分"数不是等间距十六时制的数据，而是根据日出入方位授时的地平方位数据。秦汉《颛顼历》根据"日夕分"决定"昼夜刻"的原理，使用"九日增减一刻"的经验算法计算昼夜长短；东汉以后改用晷漏算法，遂使"日夕分"方法湮没无闻。

[**关键词**]秦简日书　日夕分　颛顼历　昼夜长短

云梦睡虎地秦简《日书》(甲、乙种)中有三份相同的日夕数表[1]："正月日七夕九，二月日八夕八，三月日九夕七，四月日十夕六，五月日十一夕五，六月日十

---

[1] 云梦睡虎地秦墓编写组:《云梦睡虎地秦墓》，文物出版社，1981年。

夕六，七月日九夕七，八月日八夕八，九月日七夕九，十月日六夕十，十一月日五夕十一，十二月日六夕十"。于豪亮先生在 20 世纪 80 年代初，首先提出它是一份各月昼夜长短的表，昼夜的总和正是十六时，并指出秦汉时并行两种记时制，即历法家的十二时制和民间的十六时制[1]。天水放马滩秦简《日书乙种》记有同样数字、仅将"夕"改成"夜"字的日夜数表[2]。放马滩秦简《日书甲种》的《生子》章还完整地列出了自"平旦""日出"到"鸡鸣"等十六个时辰的名称，成为秦行十六时制的重要证据[3]。近年张德芳先生引居延汉简记载当时规定公文书信送达以"一时行十里""一日一夜当行百六十里"为标准，作为秦时实行等间距十六时制的有力证据[4]。于是秦汉时期曾经实行等时制的十六时制

[1] 于豪亮:《秦简〈日书〉记时记月诸问题》，中华书局编辑部编:《云梦秦简研究》，中华书局，1981 年，第 351—354 页。

[2] 《天水放马滩秦简·日书乙种》，转自张德芳:《简论汉唐时期河西及敦煌地区的十二时制和十六时制》，《考古与文物》2005 年第 2 期。

[3] 何双全:《天水放马滩秦简甲种〈日书〉考述》，甘肃省文物考古研究所编:《秦汉简牍论文集》，甘肃人民出版社，1989 年版，第 27 页。

[4] 张德芳:《简论汉唐时期河西及敦煌地区的十二时制和十六时制》，《考古与文物》2005 年第 2 期。

几成定论[1],笔者也曾经有过这样的主张[2]。然而这一说法是有问题的。近来笔者利用现代天文学中的球面天文学公式,对秦简"日夕分"数据与典籍中的"昼夜刻"数据,进行计算分析,发现两者有明显区别,秦简"日夕分"数据与地平式日晷的日出方位角相符合,而"昼夜刻"数据则与中原地区的昼夜长短变化基本符合。

一、"日夕分""昼夜刻"与方位角、时角

首先,与秦简日夕(夜)数表相同的数据,还见于东汉王充《论衡·说日篇》,此段文字多被论者引证,以作为汉行十六时制的证据,但我仔细分析原文,发现与十六时制并无关系,兹引如下:

---

[1] 曾宪通:《秦汉时制刍议》,《中山大学学报》(社会科学版),1992年第4期;宋会群、李振宏《秦汉时制研究》,《历史研究》1993年第6期;李解民:《秦汉时期的一日十六时制》,《简帛研究》第2辑,法律出版社,1996年;尚民杰:《从〈日书〉看十六时制》,《文博》1996年第4期;宋镇豪:《试论殷代的纪时制度——兼论中国古代分段纪时制》,《考古学研究(五)——邹衡先生七十五华诞纪念文集》(北京大学考古学丛书),科学出版社,2003年。

[2] 武家璧:《云梦秦简日夕表与楚历问题》,《考古与文物》2002年先秦考古专号,第318—323页。

问曰:"当夏五月日长之时在东井,东井近极,故日道长。今案察五月之时,日出于寅,入于戌。日道长,去人远,何以得见其出于寅入于戌乎?"日东井之时,去人、极近。夫东井近极,若极旋转,人常见之矣。使东井在极旁侧,得无夜常为昼乎!日昼行十六分,人常见之,不复出入焉。儒者或曰:"日月有九道,故曰日行有近远,昼夜有长短也。"夫复五月之时,昼十一分,夜五分;六月,昼十分,夜六分;从六月往至十一月,月减一分。此则日行月从一分道也,岁日行天十六道也,岂徒九道?

原文前后两个问题讨论的都是日出入方位问题。第一个问题是关于夏至日出入方位的问题,提问人的意思是说:夏至日在东井,离极近、去人远,那么太阳应在恒显圈内终日不落("昼行十六分"),不存在日出入的问题——为什么说夏至太阳出于寅、入于戌呢?王充回答:因为日在东井时,相对其他节气离北极较近,但离人也很近(把日光直射看作近、斜射看作远),不会出现永昼现象,因而太阳在地平圈上出寅入戌。

第二个问题是关于日出入方位与昼夜长短的问题。儒者提出日行九道，每行一道去极有近远，这是引起昼夜长短变化的原因。"九道术"今不传，从文意可以推知是指天球上南北回归线之间平均分布的九个纬圈。太阳于不同季节在这些纬圈上东升西落，纬圈与地平圈相交处就是日出入方位。因此"日行远近"与昼夜长短的关系，实际上是日出入方位与季节的关系。王充把昼夜长短变化推广到极端——从永昼到永夜的情况：设定地平圈平分为十六等分，从日"昼行十六分"（永昼）到夜行十六分（永夜），一年内每一分道都有可能成为日出入方位（"岁日行天十六道也"），岂止九道！

王充的推论完全超出人们的经验之外，在理论上是非常正确的；但他仍然给出经验观察值"今案察五月之时……昼十一分，夜五分"等，这实际上是地平圈上昼弧与夜弧长度之比，它与时角圈上的昼、夜弧之比完全是两回事——前者是地平方位数据，后者是赤道时角数据，对应于现代不同的坐标系统。如下图所示（图1），太阳的时角与方位角分别属于赤道坐标系与地平坐标系。

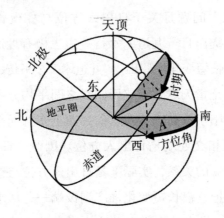

图 1　时角与方位角示意图

　　地平坐标系以天顶为极、以地平圈为基圈；时角坐标系又称第二赤道坐标系，以北极为极、以时角圈（赤道）为基圈。由于坐标系的极和基圈都不相同，当地平方位取等分间隔时，所对应的时角必定是不等分的即不等时的。因此，根据王充《论衡》的表述，我们还是把秦简《日书》的昼夜十六等分称为"十六分"制，而不称为"十六时"制。

　　其次，论者多引《淮南子·天文训》的一日十五个时段（加"夜半"为十六时）作为汉行十六时制的证明。实则《天文训》讲的是太阳方位与时称的关系。
每一个时称对应一个方位地名，如早晨对应东方的旸
谷、曲阿等，中午对应南方的衡阳、昆吾等，傍晚对
应西方的虞渊、蒙谷等。其文"日入于虞渊之汜，曙
于蒙谷之浦，行九州七舍，有五亿万七千三百九里，
离以为朝昼昏夜。"直接给出当时人们认为太阳所绕行
的地平圈（九州七舍）的总周长；"离以为朝昼昏夜"
才是指与漏刻数相关的时间。高诱注："自阳谷至虞渊，
凡十六所，为九州七舍也。"清钱塘撰《淮南天文训补
注》[1]，将"九州七舍"与王充所说"十六道"联系起来，
并作"日行十六道合堪舆之图"以明其事。此所谓"堪
舆"就是指的地平方位，在这点上钱塘对"十六道"的
理解是正确的，并根据《周髀算经》中四时日出入方
位计算《论衡》的昼夜分，两者符合得非常好。但他
仍然没有把时角和方位角区分开来，因此结论是错误
的。钱塘对高诱注作补注曰："王充所说十六道，与此
十六所合。然则此即漏刻矣。日有百刻，以十六约之，
积六刻百分刻之二十五而为一所。二分昼夜平，各行

---

[1] 〔清〕钱塘:《淮南天文训补注》，上海古籍出版社，1996年，第
501—584页。

八所；二至昼夜短长极，则或十一与五。而分、至之间，以此为率而损益焉。"钱塘既说十六道"合堪舆"（方位），又说"即漏刻"（时角），自相矛盾而不知。

最后，与王充同时代并行的后汉《四分历》列有二十四节气的昼夜漏刻数，其昼夜刻之比与秦简日夕分在数值上不合。《四分历》昼夜共百刻，冬至昼漏四十五刻，夜漏五十五刻；夏至昼漏六十五刻，夜漏三十五刻；二至之间相差二十刻，依次增损。唐徐坚《初学记》卷二十五引梁《漏刻经》云："至冬至，昼漏四十五刻。冬至之后日长，九日加一刻。以至夏至，昼漏六十五刻。夏至之后日短，九日减一刻。或秦之遗法，汉代施用。"又引《元嘉起居注》曰："以日出入定昼夜。冬至昼四十刻；夏至夜亦宜四十刻，夏至昼六十刻，冬至夜亦宜六十刻。春秋分，昼夜各五十刻。今减夜限，日出前，日入后，昏明际，各二刻半以益昼。夏至昼六十五刻，冬至昼四十五刻，二分昼五十五刻而已。"唐孔颖达《尚书·尧典正义》称"天之昼夜以日出入为分，人之昼夜以昏明为限"，并引东汉马融"据日出见为说"云："古制刻漏昼夜百刻。昼长六十刻，夜短四十刻。昼短四十刻，夜长六十刻。昼中五十刻，夜亦五十刻。"孔颖达称此为"古今历术……不易之法也"。《礼记·月令》孙希旦集解:"大史漏刻,夏至昼漏六十五刻,夜漏三十五刻。愚谓以昏明为限,则夏至昼六十五刻,夜三十五刻;以日之出入为限,则昼六十刻,夜四十刻也。"《隋书·天文志上》:"冬至昼漏四十刻,夜漏六十刻;夏至昼漏六十刻,夜漏四十刻;春秋二分,昼夜各五十刻。日未出前二刻半而明,既没后二刻半乃昏。减夜五刻,以益昼漏,谓之昏旦。漏刻皆随气增损,冬夏二至之间,昼夜长短凡差二十刻。"

据上引文献,有两种昼夜刻漏数据,一种是昏明为界限的"昼夜漏刻"数据——"夏至昼六十五刻,冬至昼四十五刻";另一种是以日出入为界限的"昼夜漏刻"数据——"(夏至)昼长六十刻","(冬至)昼短四十刻"。后者是马融所说的"古制",大约是相对于前者《四分历》的"今制"而言。但实际上它们都是关于"昼夜长短"变化的同一数据,只是由于对昼夜界限的定义不同,在数值上加减昏旦长度而形成差异,其适用时代与地域是一样的。据研究,《四分历》的黄道去极、晷影、漏刻数表与实际观测(100年、洛阳纬度 34°43′）很吻合。其时代与梁《漏刻经》所云"或秦之遗法，汉代施用"亦相吻合。[1]

但无论是"古制"漏刻，还是《四分历》的"昼夜刻"，它们所代表的真正昼夜长短变化值，与秦简《日书》中的十六分"日夜数"相差很大。秦简《日书》中的十六分日夜数，同样是"秦之遗法，汉代施用"，其昼弧极大值（11/16=68.75/100），比《四分历》的日出入昼长极大值（60/100）要长 8.75%，换算为时间则相差 2.1 小时，这是不能用误差来解释的。这反证秦简日夕数不是时间数据。

如果以秦简"日夕分"为地平昼夜弧，与秦汉地平式日晷上的昼夜弧比较，问题则迎刃而解。日晷正面上的圆周等分为 100 分，有放射性条纹 1—69 条（占 68 分），代表地平昼夜弧的极大值；余 32 分空白代表地平昼夜弧的极小值，两者与相应的秦简日夕分在百分数的整数部分完全相等，即

$$11/16 \approx 68\%,\ 5/16 \approx 32\%$$

这一数据表明，秦简"日夕分"与地平式日晷上

---

[1] 李鉴澄：《论后汉四分历的晷景、太阳去极和昼夜漏刻三种记录》，《天文学报》1962 年第 1 期。

的刻分性质相同，反映的都是地平方位数据。此外秦简日夕分作为地平数据，还与安徽含山凌家滩新石器时代玉版上可能为天文准线所等分的地平数据完全相同[1]，近年来在山西襄汾陶寺新石器时代城址发现4100多年前根据日出入方位授时的古观象台遗迹等[2]，表明日出入方位授时在中国有非常古老的传统。

二、"十六时"非等时制

那么，秦简"十六分"与"十六时"有何关系呢？这与"十二辰"到"十二时"的关系是雷同的。"十二辰"原本是地平方位，等分地平圈为十二分，以十二地支命名。根据两种太阳方位——日出某辰，日加某

---

[1] 武家璧：《含山玉版上的天文准线》，《东南文化》2006年第2期。

[2] 中国社会科学院考古研究所山西工作队、山西省考古研究所、临汾市文物局：《山西襄汾县陶寺城址发现陶寺文化大型建筑基址》，《考古》2004年2期；中国社会科学院考古研究所山西工作队、山西省考古研究所、临汾市文物局：《山西襄汾县陶寺城址祭祀区大型建筑基址2003年发掘简报》，《考古》2004年7期；中国社会科学院考古研究所山西工作队、山西省考古研究所、临汾市文物局：《山西襄汾县陶寺中期城址大型建筑ⅡFJT1基址2004～2005年发掘简报》，《考古》2007年4期。

辰，分别用于日出入方位授时和太阳方位计时。日出某辰表示太阳正好交于地平圈的方位，用以划分一年之内的节气；日加某辰表示任一高度太阳垂直对应于地平圈上的方位，用以划分一日之内的时辰。例如成书于两汉之际的《周髀算经》用"日加酉之时""日加卯之时"等表示太阳在某时刻加于某辰位，人们或者去掉"日加"字样，省称为"酉时""卯时"等，即所谓"十二时"。这样一来"十二辰"与"十二时"就没有区别，合称为"十二时辰"了，原来的"平旦""日出""夜半""鸡鸣"等实际意义也被太阳方位（十二支）所取代。前文揭明基于等分的方位不可能得到等分的时角，因此十二"加时"不可能是等间距计时。类似地，"十六时"也是日行"九州七舍"的"加时"，同样不可能是等时的。

真正的等时制是漏刻制。但漏刻计时的序数太大，将百刻分为昼漏、夜漏有 40—60 刻，再使用倒数"昼漏（或夜漏）未尽若干刻"也达到 20—30 刻，使用不便 [1]；而且其起算点昏终旦始时刻随季节变化而不固

---

[1] 全和钧：《我国古代的时制》，《中国科学院上海天文台年刊》1982 年总第 4 期。

定，使得不同时日同名时刻的早晚难以比较，因此将
"十二时"等时化是一个合理的选择。问题是将昼夜百
刻平均分配给十二辰时不能使每一时辰拥有整数刻，
于是政府有时会调整昼夜漏刻的总数，以使"一辰有
全刻"。例如《汉书·哀帝纪》及《李寻传》载哀帝下
诏"以建平二年（公元前5年）为太初元年……漏刻以
百二十为度，布告天下，使明知之。"颜师古注："旧
漏昼夜其百刻，今增其二十。"其目的显然是使一辰
平均拥有十二刻。虽然新法"寻亦寝废"，百刻制很
快被恢复，但据新辰刻分配法的昙花一现，可以推
断大约至迟在西汉晚期，"十二时"已向等时制过渡。
此时的"平旦""日出"等不再具有实际意义，而只
是等间距十二时辰的代名词。河西敦煌、居延等汉简
中的十二时可以肯定为等时制，而先秦时代、秦汉之
际包括秦简《日书》中的十二时是否为等时制尚须严
格证明。

至于所谓"十六时"的情况，则比较复杂。《淮南
子》所载十五时是比较明确的太阳方位计时，仅给"夜
半"留了一个时称的空位，但放马滩秦简《日书》的
十六时中相当于"夜半"的时段却分为"夜未中""夜

中""夜过中"三个时称[1]；《黄帝内经素问》的十六时也有"合夜""夜半""夜半后"三个时称；陈梦家先生主张汉代官方实行十八时制[2]，其夜半分为"夜少半""夜半""夜大半"共三个时段。若将"夜半三分"合而为一，则陈梦家的十八时就变成了十六时，而秦简《日书》及《内经素问》就不是十六时了。悬泉汉简有一木牍记录一昼夜32个时称[3]，如夜半被分为"夜少半""夜过少半""夜几半""夜半""过半""夜大半"六个时称，鸡鸣被分为"鸡前鸣""鸡中鸣""鸡后鸣"三个时称等，表明并非由16时平分为32小时而来；不仅如此，在居延和敦煌用于记时的其他时称还有近20个，两者加起来共52个称谓[4]。这种混乱的情况很难想象与等间距十六时联系起来，还不如称为全和钧

[1] 甘肃省文物考古研究所、天水市北道区文化馆：《甘肃天水放马滩战国秦汉墓群的发掘》，《文物》1989年第2期；何双全：《天水放马滩秦简综述》，《文物》1989年第2期。

[2] 陈梦家：《汉简年历表叙》，《考古学报》1965年2期；又见《汉简缀述·汉简年历表叙》，第248—251页，中华书局，1980年。

[3] 张德芳：《悬泉汉简中若干时称问题的考察》，中国文物研究所编：《出土文献研究》第六辑，上海古籍出版社，2004年。

[4] 张德芳：《简论汉唐时期河西及敦煌地区的十二时制和十六时制》，《考古与文物》2005年第2期。

先生所谓"自然特征计时"[1]、宋镇豪先生所谓"分段纪时"[2]等比较妥当。至于居延汉简关于"一日一夜当行百六十里"的规定，可能是个平均数，不一定要作等时制解释。

　　荆州关沮周家台秦汉墓出土简牍有一幅二十八时与二十八宿对照图[3]，如其夜半被分为"夜三分之一""夜未半""夜半""夜过半"四小时，鸡鸣被分为"鸡未鸣""鸡前鸣""鸡后鸣"三小时等。这种分布可能是一种二十八宿"值时"的式占法，与睡虎地秦简中的二十八宿"值日"法相类似，应与等时制或星在位置无实际关系。

---

[1]　全和钧：《我国古代的时制》，《中国科学院上海天文台年刊》1982年总第 4 期。

[2]　宋镇豪：《试论殷代的纪时制度——兼论中国古代分段纪时制》，北京大学考古学丛书《考古学研究（五）——庆祝邹衡先生七十五寿辰暨从事考古研究五十年论文集》，科学出版社，2003 年。

[3]　湖北省荆州市周梁玉桥遗址博物馆编：《关沮秦汉墓简牍》，中华书局，2001 年，第 156—181 简。

三、《颛顼历》的"日夕分"与"昼夜刻"

秦简日夕数虽然不等于昼夜长短数，但它与昼夜长短相关，现代天文学知识告诉我们两者成三角函数关系。古人虽不知其精确定量关系，然据经验观测可知其定性关系，即昼夜长短随日夕数消长而增损，并建立了半定量的经验公式或数表。已知日夕分就可以推算或查表得漏刻数，已知昼夜漏刻就可以在昏终、旦始时刻观测中星距度，由昏旦中星可以推算日所在二十八宿距度，于是形成一套"日夕分——昼夜漏——昏旦中星——日所在"等较为完备的历法体系。因此秦简日夕分是历法的基本数据，秦及西汉前期施行《颛顼历》，可以断定它是《颛顼历》(小正)的基本法数。

现在我们可以复原《颛顼历》的"日夕分"与"昼夜刻"数值对照表，如前引马融关于"古制"二至二分的漏刻为：

昼长六十刻，夜短四十刻；

昼短四十刻，夜长六十刻；

昼中五十刻，夜亦五十刻。

此"古制"可与秦简五、十一月及二、八月的"日夕数"相对应，以为《颛顼历》的两种基本法数。又按"官漏"九日增减一刻的古制，四立距分至各四十五日余（《淮南子·天文训》"距日冬至四十五日而立春"云云），五九四十五，故在分至昼夜刻上加减五刻即得立春、立夏、立秋、立冬的昼夜刻，使得分至启闭昼夜皆得整数刻。不过四立昼夜刻不对应于"月减一分"的日夕数，而对应其相应的半数。其他"日夕分"对应的昼夜刻可在分至数值间进行一次内插得到，列如下表。

《颛顼历》"日夕分"与"昼夜刻"对照表

月份	中气	日夕分		昼夜刻	
		日分	夕分	昼刻	夜刻
正月	雨水	7	9	46 2/3	53 1/3
二月	春分	8	8	50	50
三月	谷雨	9	7	53 1/3	46 2/3
四月	小满	10	6	56 2/3	43 1/3
五月	夏至	11	5	60	40
六月	大暑	10	6	56 2/3	43 1/3
七月	处暑	9	7	53 1/3	46 2/3
八月	秋分	8	8	50	50
九月	霜降	7	9	46 2/3	53 1/3
十月	小雪	6	10	43 1/3	56 2/3
十一月	冬至	5	11	40	60
十二月	大寒	6	10	43 1/3	56 2/3

《颛顼历》的漏刻法经过汉武帝时期的整理，到东汉早期仍施用，被称为"官漏"。李淳风《隋书·天文志上》载："刘向《洪范传》记武帝时所用法云：'冬夏二至之间，一百八十余日，昼夜差二十刻。'大率二至之后，九日而增损一刻焉。"唐徐坚《初学记》卷二十五引梁《漏刻经》云："冬至之后日长，九日加一刻……夏至之后日短，九日减一刻。或秦之遗法，汉代施用。"这种所谓"秦之遗法"理当与秦简"日夕分"属于同一历法系统。由于"日夕分"属于地平数据，我们有理由推断这一系统出自盖天家。

东汉和帝永元年间，对漏刻制度进行了一次重大改革，浑天家的晷影漏刻制取代了"九日增减一刻"的官漏[1]。司马彪《续汉书·律历志中》有载，为便于分析，详引如下：

　　永元十四年（公元 102 年），待诏太史霍融上言："官漏刻率九日增减一刻，不与天相应，或时差至二刻半，不如《夏历》密。"诏书下太常，令

---

[1]　陈美东：《中国古代的漏箭制度》，《广西民族学院学报》（自然科学版）2006 年第 12 卷第 4 期。

史官与（霍）融以仪校天，课度远近。

太史令舒、（卫）承、（李）梵等对："案官所施漏法《令甲》第六《常符漏品》，孝宣皇帝三年（公元前71年）十二月乙酉下，建武十年（公元34年）二月壬午诏书施行。漏刻以日长短为数，率日南北二度四分而增减一刻。一气俱十五日，日去极各有多少。今官漏率九日移一刻，不随日进退。《夏历》漏刻随日南北为长短，密近于官漏，分明可施行。"

其年十一月甲寅，诏曰："……今官漏以计率分昏明，九日增减一刻，违失其实，至为疏数以祸法。太史待诏霍融上言，不与天相应。太常史官，运仪下水，官漏失天者至三刻。以晷景为刻，少所违失，密近有验。今下晷景、漏刻四十八箭，立成斧，官府当用者，计吏到，班予四十八箭。"文多，故魁取二十四日所在，并黄道去极、晷景、漏刻、昏明中星刻于下。

霍融推荐并获得实行的"《夏历》漏刻"有两大特点：一是"以晷景为刻"，即由晷影长决定昼夜刻，以取代由日夕分决定的漏刻；二是"日南北二度四分而增减一刻"，即由日在黄道上的去极度增减2°4′决定昼夜漏增减一刻，以取代九日增减一刻。两者是关联的，因为黄道去极度——太阳赤纬的余角，是由正午时的太阳高度换算得来的，而正午时的影长就是晷景。据《周髀算经》载当时测得黄赤夹角为24°，南北合48°，按一度换一漏箭得四十八箭；按二度四分增减一刻得二至昼夜差二十刻。仅"昼夜差"与"秦之遗法"略同外，《夏历》主要法术已根本改变，形成"晷影长—黄道去极—昼夜漏—昏旦中星—日所在"等新一套历法的算法系统。"黄道去极度"是浑天说使用的基本概念，因此这一系统是浑天家的赤道系统。

《夏历》晷漏算法的实质是据太阳赤纬定节气，可称为赤道方法；《颛顼历》日夕分漏刻算法的实质是据日出入方位定节气，可称为地平方法。两者在天文学原理上并无优劣之分，但在具体算法上却有高下之别。《夏历》漏刻"随日南北（赤纬变化）为长短"，故"密近有验"；而《颛顼历》官漏可能出于分至启闭皆得全刻的考虑给出"九日增减一刻"的经验算法，误差达

2.5—3 刻，因而在竞争中败给了《夏历》。后汉《四分历》的主要作者之一李梵参与了这一漏刻改革的全过程，故《四分历》采用晷漏算法，并为此后历代历法家所继承。日夕分算法从此退出历史舞台，以致湮没无闻。我们今天面对出土的日夕分数据出现错误理解就毫不奇怪了。

四、其他地平方位数据

文献典籍中不乏有日出入方位与季节关系的记载。《周髀算经》卷下之三：

> 冬至昼极短，日出辰而入申，阳照三，不覆九。……夏至昼极长，日出寅而入戌，阳照九，不覆三。

这是一套"十二分"日夕数，与秦简"十六分"日夕数分属不同的历法派别。这套"日夕分"数据既出自《周髀》，当与周朝有关，很可能出自"古六历"中的《周历》或者《鲁历》，属于历法中的"天正"派别；

秦简"十六分"日夕数可能出自《颛顼历》或《夏历》，属于历法中的"人正"派别。两套"日夕分"数据的最大差值在冬至（或夏至）的昼长值，等于十六分之一（5/16–3/12=1/16），合百刻制的 6.25 刻，这可能是由不同的"日出""日入"定义引起的[1]。

天正《周历》的日出入大约是以昏终旦始为昼夜界限的，故当在人正《颛顼历》的基础上"减夜五刻以益昼漏"，得天正二至"昼夜漏"长短为六十五刻对三十五刻。据历法而言，天正昼夜、人正昼夜，与孔颖达注《尧典》所称"天之昼夜以日出入为分，人之昼夜以昏明为限"正好相反。据上所论,可复原《周髀算经》给出的"日夕分"与"昼夜漏"数值对照表：

节气	日夕分数		昼夜漏刻数	
春分	日六	夕六分	昼漏五十五	夜漏四十五刻
夏至	日九	夕三分	昼漏六十五	夜漏三十五刻
秋分	日六	夕六分	昼漏五十五	夜漏四十五刻
冬至	日三	夕九分	昼漏四十五	夜漏五十五刻

---

[1] 中国天文学史整理研究小组编:《中国天文学史》，科学出版社，1981 年，第 117 页。

其他节气的"日夕分"与"昼夜漏"数值可据上述四个定点由一次内插法得出。

后世有人继续探讨方位与时间的关系。《隋书·天文志》载开皇十四年（公元594年）鄜州司马袁充"以短影平仪（地平式日晷），均布十二辰，立表，随日影所指辰刻，以验漏水之节。十二辰刻，互有多少，时正前后，刻亦不同"。其二至二分"辰刻之法"为：

冬至：日出辰正，入申正，昼四十刻，夜六十刻。子、丑、亥各二刻，寅、戌各六刻，卯、酉各十三刻，辰、申各十四刻，巳、未各十刻，午八刻；

春秋二分：日出卯正，入西正，昼五十刻，夜五十刻。子四刻，丑、亥七刻，寅、戌九刻，卯、酉十四刻，辰、申九刻，巳、未七刻，午四刻；

夏至：日出寅正，入戌正，昼六十刻，夜四十刻。子八刻，丑、亥十刻，寅、戌十四刻，卯、酉十三刻，辰、申六刻，巳、未二刻，午二刻。

把袁充的"分至辰刻"列如下表：

	日出	日入	昼漏	夜漏	子	丑	寅	卯	辰	巳	午	未	申	酉	戌	亥
冬至	辰正	申正	40	60	2	2	6	13	14	10	8	10	14	13	6	2
春秋分	卯正	酉正	50	50	4	7	9	14	9	7	4	7	9	14	9	7
夏至	寅正	戌正	60	40	8	10	14	13	6	2	2	2	6	13	14	10

袁充实际给出一份"日夕分"与"昼夜刻"对照表，不过他的"日夕分"总分为十二，与《周髀算经》相同，比秦简十六分要少，又要取辰刻为整数，因此误差较大。

宋王逵《蠡海集·历数》举出有以子、午、卯、酉各九刻，其余时辰各为八刻，以及以子、午两时各十刻，其余时辰皆为八刻等辰刻分配法[1]。王逵辰刻法是在百刻制前提下保证"一辰有全刻"所作的些微调整，可能与"日夕分"没有关系。

袁充辰刻法虽有保全整数刻的考虑，但基本上是太阳方位计时，以等距方位对应不等距时间，把方位角与时角区分开来。然而却招到李淳风严厉批评："袁充素不晓浑天黄道去极之数，苟役私智，变改旧章，

---

[1] 中国天文学史整理研究小组编：《中国天文学史》，科学出版社，1981年，第118页。一说王逵为明初人，参纪昀：《四库全书总目提要》卷一百二十三子部杂家类《说郛》。

其于施用，未为精密。"(《隋书·天文志》) 在李淳风眼里浑天家及其"黄道去极之数"才是正宗，袁充的地平方法是要不得的，精度也不合实用。然而李淳风未必能把时角与方位角区分开来，因为在他稍后梁令瓒铸造浑仪时，就把时间单位刻在地平圈（纮）上。

北宋熙宁七年（公元 1074 年）沈括上《浑仪》《浮漏》《景表》三议，其《浑仪议》曰："(梁)令瓒以辰刻、十干、八卦皆刻于纮，然纮平正而黄道斜运，当子午之间，则日径度而道促；卯酉之际，则日逶行而道舒。如此，辰刻不能无谬。新铜仪则移刻于纬，四游均平，辰刻不失。"(《宋史·天文志》) 梁令瓒的做法，错把方位角当时角；沈括将辰刻移于纬圈上，只考虑时角而不考虑方位角。像袁充那样既考虑方位角又考虑时角的辰刻方案实不多见。

袁充给出冬至"日夕分"对"昼夜刻"的数值结果为 4∶8 对应 40∶60；比秦简及《颛顼历》的 5∶11 对应 40∶60 显得粗疏。这主要是由于袁充的辰法（十二）太小造成的。如果袁充改十二辰为十六分，他将得到与秦简"日夕分"相同的结果。这也表明袁充所处的时代，人们对秦汉时期流行的"十六分"制已无所知。

秦简《日书》的冬夏至"日夕分"与秦汉地平式日晷上的六十九刻，是性质相同而又数值逼近的数据，据计算它们与北纬42°左右地区的日出入实际天象符合[1]，相当于燕山至雁北一线以北的草原地区。这与《尚书·尧典》所载"申命和叔，宅朔方曰幽都，平在朔易；日短星昴，以正仲冬"云云，在季节与地理位置上大致吻合。

五、余论

秦简"日夕分"对应昼夜长短的理论值，可据现代天文学公式求出，据球面天文学关系，有：

$$\sin Z \sin A = \cos \delta \sin t$$

式中冬至太阳赤纬 $\delta = -\varepsilon$，ε 为黄赤交角（随年代而有微小变化），取战国晚期公元前250年历元，得 $\varepsilon = 23°.73$；取天顶距 $Z = 90°.85$（含蒙气差、太阳视差在内）；冬至日入方位角按"日五夕十一"取 $A = 180° \times 5/11 = 56°.25$，代入上式，算得冬至日入时角：

---

[1] 武家璧：《从出土文物看战国时期的天文历法成就》,《古代文明》第 2 卷，文物出版社，2003 年。

$$t=65°.25$$

化为百刻制，得冬至昼长约 36 刻，此即秦简"日夕分"对应的冬至昼长理论值。《四分历》冬至昼漏 45 刻，实际代表日出日入"昼长"40 刻。因此秦简理论值比关中——洛阳（北纬 35° 左右）地区的冬至昼长约短 4 刻（合今约 1 小时）。这表明秦简"日夕分"的昼夜长短理论值，合北方草原地区（北纬 42°）而不合中原地区（北纬 35°）。

由此可见，所谓汉代施用的"秦之遗法"，包括秦简"日夕分"、《颛顼历》漏刻法及汉人所谓古制、官漏等，是将北方草原地区的日出入方位，与中原地区的昼夜长短，杂糅在一起的混合体。

On "*Tranche of Day and Night*" in Qin Bamboo Scroll is Azimuth' s Data

Abstract : The figures used in *Rishu's* Tranche of day and night in Qin Bamboo Scroll which were discovered from Yunmeng Shuihudi and Tianshui Fangmatian, were not isochronous hexadecimal temporal data. But they were developed according to the azimuth of sunrise and sunset to get season service. Qin and Han Dynasties's *Zhuanxu calendar* was based on the principles of the azimuth of sunrise and sunset to determine length of day and night and to calculate horoscope by empirical arithmetic with adding or subtracting one graduation per nine days. After Eastern Han dynasty, the arithmetic about clepsydra's scale of day and night was calculated from a shadow cast by the sun was, therefore the arithmetic with tranche of day and night has been forgotten since then.

Key words: Qin bamboo scroll *Rishu* Tranche of day and night *Zhuanxu calendar* Horoscope

（原载于《文物研究》第 17 辑，科学出版社，2010年 9 月，第 1—11 页）

随州孔家坡汉简《历日》及其年代

摘要：孔家坡汉简《历日》的编排方式为此前出土历谱所未见，以最少文字排出全年历日并最大限度保证同月干支与其月名在同一栏。根据简文记载的立春和朔日干支，对照本文推算的《颛顼历》立春数据表，可唯一确定历谱年代为公元前142年，汉景帝后元二年。

关键词：孔家坡汉简 《历日》《颛顼历》

《随州孔家坡汉墓简牍》[1]出版，是学术界的一件盛事。该书分上卷《随州孔家坡汉墓发掘报告》、下卷《随州孔家坡汉墓简牍》两部分，简牍出土于湖北省

---

[1] 湖北省文物考古研究所、随州市考古队：《随州孔家坡汉墓简牍》，文物出版社，2006年。

随州市北郊孔家坡八号汉墓（孔 M8）。整理者根据内容性质将简牍分类定名为竹简《日书》《历日》及木牍《告地书》三部分，其中《告地书》载有年名（"二年"），《历日》（旧称历谱）保存有一年内十二个月的朔日干支，以及冬至、立春、夏至等历注，为简牍的准确断年提供了科学依据。在发掘报告整理过程中，承蒙发掘领队及报告整理者张昌平先生以《告地书》及《历日》释文见示，并告知学者对其年代有不同意见。我初步复原《历日》后认为当是汉景帝后元二年（公元前 142年）的历谱。报告正式出版后又蒙昌平先生以新书见赠，嘱我将孔简年代的意见写成文章发表，以资学界讨论。因兹撰成此文，申述我判断孔墓简牍年代的基本依据，并对《历日》的编排方式提出个人意见，以就正于方家。

一、《历日》的编排方式

孔简《历日》的编排方式为前此出土历谱所未见，它以最简洁的方式、最少的文字将一年内的历日干支全部排出：以日为经，以月为纬——在 60 支竹简的简头各著一干支以为经，其下横列六栏为纬，横栏、竖列共分出 360 格；每栏容前、后两月，将月名及其大小填入朔日格中，历注则填入相应的历注格内。朔日格在某干支简，则表示该月朔某干支，如简文"正月大"在甲辰简，表示正月甲辰朔；"二月小"在甲戌简，表示二月甲戌朔等。历注同此，如冬至在甲辰简的十月栏，表示十月甲辰冬至；立春在庚寅简的十二月栏，表示十二月庚寅立春；夏至在丙午简的五月栏，表示五月丙午夏至等。

《历日》虽然没有勾出横栏线，但巧妙利用中间的纬编线将上三栏与下三栏显著分开，横栏竖列 360 格一望可知。秦汉颛顼历以十月为岁首，把闰月置于年末称"后九月"，若无闰月则 360 格可以排满一个阴历年。一个阴历年包含六个小月、六个大月共 354 天（不含闰月），如果年内出现连大月或连小月则共 355 天或 353 天，360 格比阴历年天数多出若干格。把多出的空格置于年首前还是置于年尾后，涉及历谱的排列方式及整体效果。整理者以十月为岁首排列历日是非常正确的，遵循这一原则符合秦汉颛顼历的实际，但采用年首无空格的做法，将空格一律置于尾后，这样排列的效果并不好。

其一，导致第一栏排入三个月名，而最后一栏只有一个月名，使《历日》在排列形式上不齐整。

其二，"十二月大"原简本来在第二栏，释文将其排入第一栏后，其下的双月二、四、六、八月均应上移一栏，因此整理者认为"《历日》的'十二月大''二月小''四月小''六月小''八月小'等项在抄写时均各自下移了一栏的位置。"这等于说简文抄写者抄错了位置，实际上原简历谱排列非常整齐规范，不必做任何移动即可圆满解释。

其三，释文的排列方式导致大约将近总数一半的、同一月内的日干支与其月名不在同一栏，立春、腊、初伏、中伏等历注与其所属月名不在同一栏；双月月名除十月外都不靠近栏首反而靠近栏尾，查对历日、历注所属月名十分不便等。

笔者采用在年首前置空格的方法，空格多少以最后一栏的月名朔日格居于栏首为限，其余空格置于年尾，得历谱如表1。这样排出的历谱，月名朔日格分布在栏首及栏中附近，最大限度地保证同月干支、历注与其月名在同一栏；使查看某月之月名、日序、干支、历注等，一目了然。

表 1　孔家坡汉简历谱复原表

月份	干支	节气
【十月大】	甲戌乙亥丙子丁丑戊寅己卯庚辰辛巳壬午癸未甲申乙酉丙戌丁亥戊子己丑庚寅辛卯壬辰癸巳甲午乙未丙申丁酉戊戌己亥庚子辛丑壬寅癸卯	冬至
【十一月大】		立春　腊　出种
十二月小		
正月大		
二月小		冬至
三月大		
四月小		夏至
五月大		
六月小		初伏　中伏
七月大		
八月小		
九月小		

二、《告地书》的年代

孔家坡八号墓出土鼎、盒、钫仿铜陶礼器组合，在湖北云梦、江陵等地出土同类组合汉墓的年代都在文景时期 [1]。孔 M8 木牍《告地书》云：

> 二年正月壬子朔，甲辰，都乡燕佐戎敢言之……正月壬子，桃侯国丞万移地下丞。

此条具备年序、月名、朔干支等三要素，本是利用历朔断代的理想材料，但不幸的是本条朔干支有误。这是很容易证明的：命起甲子算外（干支序数以甲子为 0，乙丑为 1，丙寅为 2……），得甲辰为 40，壬子为 48；如果"正月壬子朔"（正月初一为壬子）则月内必无甲辰，因自壬子至甲辰跨 52 日，大大超过一个月的长度；反之若月内有甲辰，则必非"壬子朔"，因甲辰在壬子前 8 日。如果"壬子朔"是正确的，则甲

---

[1] 湖北省文物考古研究所、随州市考古队：《随州孔家坡汉墓简牍》，文物出版社，2006 年，第 33 页。

辰必在上月的 22、23 日或者下月的 23、24 日。因此简文"正月壬子朔甲辰"是自相矛盾的，不是朔干支有误，就是朔后的日干支有误，二者必居其一。

据牍文云"正月壬子"桃侯国丞移书地下丞，可知正月内有壬子，按已往出土的"告地策"文书，地上丞一般不在朔日移书地下丞，可知正月非朔壬子。我提出一种可能：即《告地书》的抄写者可能将朔干支与日干支的顺序颠倒了，正确的写法应该是"二年正月甲辰朔壬子"，与《历日》中的"正月大"朔日格在甲辰简相合，壬子为正月初九日。于是整个历谱当为"二年《历日》"。查张培瑜《三千五百年历日天象》汉景帝后元二年（公元前 142 年）正月甲辰朔[1]，故《告地书》"二年"当为汉景帝后元二年。

三、《历日》的年代

《历日》没有年序，《告地书》有年次，但与《历日》并无直接联系，尤其是在朔日可能出错的情况下，将

---

[1] 张培瑜：《三千五百年历日天象》，河南教育出版社，1990 年。

《告地书》的"二年"与历谱相联系，只是基于一种可能的假设，证其必然有赖于其他证据。此证据就是历注"十二月庚寅立春"。推证如下。

1. 对"近距历元"的说明

秦及汉初施行《颛顼历》，为传世典籍及出土文献记载所证明，故用《颛顼历》进行推证。推算方法本于"四分术"，起算点为《颛顼历》的近距历元。

《宋书·律历志下》载祖冲之谓"古之六术，并同四分"。先秦古六历及后汉《四分历》以周天为三百六十五又四分之一度，太阳日行一度，故一年为三百六十五又四分之一日，因有余数（日法）四分之一，故称之"四分术"。《颛顼历》是先秦古六历之一，属于古四分历。"四分术"以十九年为一"章"，十九年七闰称为"章法"；四章为一蔀，二十蔀为一纪，三纪为一元。一元4560年，气、朔、年干支复原。

《颛顼历》的上元为"正月己巳合朔立春"，这样的记载见于《淮南子·天文训》、《尚书·考灵曜》、刘向《洪范五行传》、《续汉书·律历志》、《开元占经》、《新唐书·律历志》、僧一行《大衍历议·日度议》等处。《颛顼历》以立春为历法年的年始，各项周期都以立春为起算点，因此在历法推算过程中须"命算己巳"，即以己巳为起始点对六十干支进行编号，以己巳为 0 编序，称为"己巳算外"；以己巳为 1 编序称为"己巳算尽"。下文计算均起己巳算外。实际上"己巳"只是《颛顼历》的一个蔀首，历元名称用岁星纪年法为甲寅元，用干支纪年法为乙卯元（因岁星超辰所致）[1]。唐《开元占经》载《颛顼历》至开元二年（公元 714 年）的上元积年为 2761019 算外，减 605 元（605×4560=2758800 年）得到距离当时最近的历元为公元前 1506 年。即前 1506 年是乙卯元己巳蔀首：年名乙卯，己巳合朔立春，气、朔齐同。

《开元占经》所载上元积年使《颛顼历》近距历元与历史年代对应起来。这样的记载还有《新唐书·律历志》载一行《日度议》："鲁宣公十五年丁卯岁，《颛顼历》第十三蔀首，与《麟德历》俱以丁巳平旦立春。至始皇三十三年丁亥，凡三百八十岁，得《颛顼历》壬申蔀首。是岁秦历以壬申寅初立春。"以《开元占经》

---

[1] 陈久金、陈美东：《从元光历谱及马王堆帛书天文资料试探颛顼历问题》，考古学专刊甲种第二十一号《中国古代天文文物论集》，文物出版社，1989 年，第 86 页。

所载上元积年验算得：鲁宣公十五年（公元前594）为《颛顼历》丁巳蔀首，秦始皇三十三年（公元前214年）为壬申蔀首，《开元占经》与《新唐书》所载互相吻合。

《续汉书·律历志》载《殷历》甲寅元与《颛顼历》乙卯元的冬至、立春干支，并"课两元端"得其"闰余差""朔小余"及"中节之余"诸数据等，严敦杰先生命算己巳（以己巳为0），依据"四分术"验算，所得皆与《续汉书·律历志》合，因谓"《开元占经》所引历元数字，可为信史。"[1]

2. 对立春干支的推算

兹命算己巳（以己巳为0），孔简《历日》庚寅立春，得干支序数为21。

按"四分术"，自历元起第T年的立春干支序数是[2]

$$365\frac{1}{4}T-[60]r=5\frac{1}{4}T-[60]r$$

式中［60］r表示六十甲子周期的整数倍；T是自

---

[1] 严敦杰：《释四分历》，载考古学专刊甲种第二十一号《中国古代天文文物论集》，文物出版社，1989年，第106页。

[2] 严敦杰：《释四分历》，载考古学专刊甲种第二十一号《中国古代天文文物论集》，文物出版社，1989年，第104页。

近距历元（前 1506 年）起算的积年，可换算为公元年数

$$t = T - 1506$$

依上式算得《颛顼历》自壬申蔀首（公元前 214 年）至太初元年（公元前 104 年）以前 110 年内的立春干支与公元年份，列如表 2。

表 2 《颛顼历》立春干支与公元年份对照表

公元前	序数	干支	公元前	序数	干支	公元前	序数	干支	公元前	序数	干支	公元前	序数	干支
214	3	壬申	192	58.5	丁卯	170	54	癸亥	148	49.5	戊午	126	45	甲寅
213	8.25	丁丑	191	3.75	壬申	169	59.25	戊辰	147	54.75	癸亥	125	50.25	己未
212	13.5	壬午	190	9	戊寅	168	4.5	癸酉	146	0	己巳	124	55.5	甲子
211	18.75	丁未	189	14.25	癸未	167	9.75	戊寅	145	5.25	甲戌	123	0.75	己巳
210	24	癸丑	188	19.5	戊子	166	15	甲申	144	10.5	己卯	122	6	乙亥
209	29.25	戊戌	187	24.75	癸巳	165	20.25	己丑	143	15.75	甲申	121	11.25	庚辰
208	34.5	癸卯	186	30	己亥	164	25.5	甲午	142	21	庚寅	120	16.5	乙酉
207	39.75	戊申	185	35.25	甲辰	163	30.75	己亥	141	26.25	乙未	119	21.75	庚寅
206	45	甲寅	184	40.5	己酉	162	36	乙巳	140	31.5	庚子	118	27	丙申
205	50.25	己未	183	45.75	甲寅	161	41.25	庚戌	139	36.75	乙巳	117	32.25	辛丑
204	55.5	甲子	182	51	庚申	160	46.5	乙卯	138	42	辛亥	116	37.5	丙午
203	0.75	己巳	181	56.25	乙丑	159	51.75	庚申	137	47.25	丙辰	115	42.75	辛亥
202	6	乙亥	180	1.5	庚午	158	57	丙寅	136	52.5	辛酉	114	48	丁巳
201	11.25	庚辰	179	6.75	乙亥	157	2.25	辛未	135	57.75	丙寅	113	53.25	壬戌
200	16.5	乙酉	178	12	辛巳	156	7.5	丙子	134	3	壬申	112	58.5	丁卯
199	21.75	庚寅	177	17.25	丙戌	155	12.75	辛巳	133	8.25	丁丑	111	3.75	壬申
198	27	丙申	176	22.5	辛卯	154	18	丁亥	132	13.5	壬午	110	9	戊寅
197	32.25	辛丑	175	27.75	丙申	153	23.25	壬辰	131	18.75	丁亥	109	14.25	癸未
196	37.5	丙午	174	33	壬寅	152	28.5	丁酉	130	24	癸巳	108	19.5	戊子
195	42.75	辛亥	173	38.25	丁未	151	33.75	壬寅	129	29.25	戊戌	107	24.75	癸巳
194	48	丁巳	172	43.5	壬子	150	39	戊申	128	34.5	癸卯	106	30	己亥
193	53.25	壬戌	171	48.75	丁巳	149	44.25	癸丑	127	39.75	戊申	105	35.25	甲辰

将表 2 中的立春干支序数转换为散点图（图 1），检视立春点分布，见其整齐规则，可知表中数据无误。十分显著地可见，在长达 110 年的时距内，只有三次"庚寅立春"：

（1）公元前 199 年，汉高祖八年；

（2）公元前 142 年，汉景帝后元二年；

（3）公元前 119 年，汉武帝元狩四年。

有三种途径可以唯一确定孔简《历日》"庚寅立春"的年代：

其一，根据陶礼器组合的特征，将年代限制在文景时期（公元前 179—前 141）或略晚，则可唯一确定在公元前 142 年；

其二，根据《告地书》的"二年"，可唯一确定在汉景帝后元二年；

其三，对照朔日干支，可唯一确定在前 142 年、景帝后元二年（详下）。

再以立春干支序数为起点，计算前 142 年的冬至和夏至干支，看是否与孔简《历日》相合：

冬至在立春之前三个平气，其干支序数为

$$21-3\times\left(365\frac{1}{4}\div24\right)+\left[60\right]\text{r}=35\frac{323}{940}$$

大余 35 是甲辰序数，与孔简《历日》甲辰冬至合。

夏至在立春之后九个平气，其干支序数为

$$21+9\times\left(365\frac{1}{4}\div24\right)-\left[60\right]\text{r}=37\frac{911}{940}$$

大余 37 是丙午序数，与孔简《历日》合（此处不用"借半日法"）。

查张培瑜《三千五百年历日天象》，可知汉景帝后元二年（前 142 年）正月甲辰朔，实历冬至在癸卯 14 时 21 分，立春在庚寅 4 时 05 分，夏至在丁未 20 时 44 分。孔简《历日》的立春与实历合，冬至甲辰在癸卯后一日，夏至丙午在丁未前 1 日。二至历日与实际天象误差在 ±1 日左右，这样的精度是比较好的。因为古人得到冬、夏至日主要通过晷影观测，如果实际立竿测影，由于影端比较模糊，所测与真正的冬、夏至日相差一两天，是很难发现的。

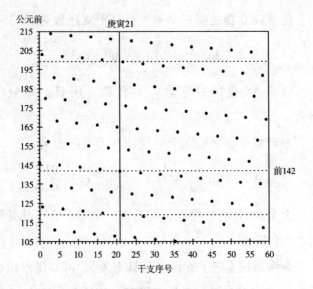

图 1 《颛顼历》立春干支与孔简年代示意图

3. 对朔日干支的推算

按 "四分术",自历元起第 T 年的立春平月龄(立春时刻离开立春月平朔时刻的距离)是 [1]

$$365\frac{1}{4}T - \left[29\frac{499}{940}\right]r = 10\frac{827}{940}T - \left[29\frac{499}{940}\right]r$$

第 T 年的立春月平朔干支序数为

[1] 严敦杰:《释四分历》,考古学专刊甲种第二十一号《中国古代天文文物论集》,文物出版社,1989 年,第 105 页。

立春月平朔干支＝立春干支－立春平月龄

如果立春干支数小于立春平月龄，则加六十后减之。其他自立春月后第 N 月的平朔干支为

$$第 N 月平朔干支 = 立春月平朔干支 + \left[29\frac{499}{940}\right] N - [60] r$$

此式算得公元前 142 年各月平朔干支与《颛顼历》合，其他立春干支合者，朔干支不合。兹将前 142 年历推平朔大小余及"借半日法"所推干支、孔简朔干支等列如表 3。

表 3 《颛顼历》与孔简《历日》朔干支对照表

月序 （142BC）	大余		小余 （日法分）	借半日 （干支）	孔简 朔干支
	序数	干支			
十月	6	乙亥	372		［乙亥］
十一月	35	甲辰	871	乙巳	乙巳
立春月	5	甲戌	430		［甲戌］
正月	34	癸卯	929	甲辰	甲辰
二月	4	癸酉	488	甲戌	甲戌
三月	34	癸卯	47		癸卯
四月	3	壬申	546	癸酉	癸酉
五月	33	壬寅	105		壬寅
六月	2	辛未	604	壬申	壬申
七月	32	辛丑	163		辛丑
八月	1	庚午	662	辛未	辛未
九月	31	庚子	221		庚子

孔简《历日》十月、十二月的朔干支缺失或不清楚，释文将其补齐。其中十二月甲戌朔可确定，因简文明载十一月小、乙巳朔，自乙巳顺数 29 天，次日十二月必朔甲戌无疑；又正月朔甲辰，则十二月必为大月；释文在甲戌简朔日格中补上"十二月大"是正确的；只是它应排在第二栏靠近栏首的位置，而不应排在第一栏的栏尾。十月据上表所推当朔乙亥，为大月，释文在乙亥简所补"十月大"正确。

根据表 3 所列公元前 142 年的平朔干支大小余数据，如果只取大余配属干支，那么历法所推与孔简《历日》朔干支有一半不合；如果按照"借半日法"，小余超过"日法（940）"一半以上（即小余≥470）则进位加一日，那么《颛顼历》与孔简朔干支完全符合。这再次证明前辈学者关于汉初《颛顼历》在计算朔干支时践行"借半日法"的论断[1]，是正确的。

4. 闰法与月序问题

秦汉《颛顼历》以立春为正月，以十月为岁首，

---

[1] 陈久金、陈美东：《从元光历谱及马王堆帛书天文资料试探颛顼历问题》，考古学专刊甲种第二十一号《中国古代天文文物论集》，文物出版社，1989 年，第 87—90 页。

可称为"亥首寅正"历，楚历才是标准的"亥正"历。孔简《历日》的立春干支庚寅，距离立春月的朔干支甲戌十六日，按四分历当年立春应在正月，而孔简《历日》的立春却在十二月，这是为什么呢？笔者认为此与《颛顼历》改变闰法有关。

《颛顼历》置闰规则原本十分简单而有规律。据"十九年七闰"法，一章之内立春月龄按大小依次为：

$$0，1\frac{521}{940}，3\frac{102}{940}，4\frac{623}{940}，6\frac{204}{940}，7\frac{725}{940}，9\frac{306}{940}$$

$$10\frac{827}{940}，12\frac{408}{940}，13\frac{929}{940}，15\frac{510}{940}，17\frac{97}{940}，18\frac{612}{940}$$

$$20\frac{193}{940}，21\frac{714}{940}，23\frac{295}{940}，24\frac{816}{940}，26\frac{397}{940}，27\frac{918}{940}$$

月龄大于18者有七个，故立春月龄 $\geqslant 18\frac{612}{940}$ 必须置闰。无所谓"无中置闰"或"无节置闰"，闰月一律置于年尾，称为"后九月"。闰月在一章之内的安排表现为3—3—3—2—3—3—2的规律性，如《汉书·律历志》载三统历置闰规律云"三岁一闰，六岁二闰，九岁三闰，十一岁四闰，十四岁五闰，十七岁六闰，十九岁七闰"。即民间所谓"三六九、一四七"的置闰规律。

上所论孔简《历日》是景帝后元二年（公元前 142）历谱，据《礼记·月令》载"季秋之月……为来岁受朔日"，则《历日》必制定于景帝后元元年（公元前 143 年），而于年终九月颁授于郡国（据牍文随州时为桃侯国）。按上述规律《颛顼历》在公元前 143 年不该有闰，但据史籍记载推断这一年却设置了闰月。《史记·汉兴以来将相名臣年表》载有景帝后元二年"六月丁丑御史大夫岑迈卒"，按历推当年六月无丁丑，只有上年置闰使本年月份错动一月才可能出现六月丁丑。关于此条记载，清邹汉勋认为与其他资料不合因而不可靠 [1]，日本新城新藏认为与元朔五年、元封六年的闰法改变具有相同规律，因而是可靠的 [2]。陈久金、陈美东先生研究自秦始皇九年（公元前 238）至元封六年（公元前 105）由史载可推知的三十六个闰年，得出结论：自文帝后元二年（前 162 年）始《颛顼历》突然改变置闰规律为 3—3—2—3—3—3—2 制（把"三六九、一四七"改为"三六八、一四七"制），其原因可能与文帝后元元年（公

---

[1]　邹汉勋：《颛顼历考》，《续修四库全书》子部第 1036 册，上海古籍出版社，第 102 页。

[2]　新城新藏：《东洋天文学史研究》，沈璿译，中华学艺杜，1938 年。

元前 163 年）公孙臣等的改历活动有关 [1]。

孔简《历日》证明景帝后元元年确实设置了闰月，使原十月变成后九月，原十一月变成十月、原十二月变成十一月，原正月变成十二月等。因此孔简十二月立春相当于未变闰法以前的正月立春。孔简《历日》的出土可以终止对《史记》年表景帝后元二年资料的怀疑，使《颛顼历》改变闰法得到更早的实物验证。

再以孔简《历日》的安排，来看看改变闰法是否合理。立春一般在正月上中旬，当立春月龄 ≥ 18 又 612/940 日则置闰，使立春不超出正月，即立春不能延迟到二月是置闰的目标。公元前 143 年按历推乙酉立春，月龄 4 又 623/940 日，按历推不当置闰；设置后九月则使前 142 年变成十二月十七日庚寅立春（立春月龄 15 又 510/940 日，合借半日法），比往年正月立春提前一个月份。设置闰月的目的是避免节气延后，而为了避免延后而适当提前是允许的。因此公元前 142 年提前至十二月立春是允许的，而且这样处理

---

[1] 陈久金、陈美东:《从元光历谱及马王堆帛书天文资料试探颛顼历问题》，载考古学专刊甲种第二十一号《中国古代天文文物论集》第 86 页，文物出版社，1989 年，第 96—99 页。

的积极效果十分明显——闰后的孔简《历日》标明夏至在五月五日，冬至在十月晦（紧贴十一月朔日）。一般情况下，夏至为五月中气，冬至为十一月中气，置闰可使夏至、冬至适当提前。如果公元前143年不置闰，那么次年夏至在六月五日，冬至在十一月底。两相比较，变法者更加合理，因为不变闰法会使夏至延后出现在六月，不符合人们的生活习惯。这是《颛顼历》自身的问题，容俟后专门讨论，此处不赘。

综上所述，孔家坡汉简《历日》是汉景帝后元二年（公元前142）的历谱，气、朔、闰与《颛顼历》吻合；年序与《告地书》吻合；冬、夏至干支与实历密近等，殆无可疑。

（原载于《江汉考古》，2009年第1期，第120—126页）

《尚书·考灵曜》中的四仲中星及相关问题

摘要：对《尚书·考灵曜》四仲中星与日在距度数据的分析与演算，表明它符合推步历法，天象年代约在战国末年（公元前260—前240年左右），属于先秦"古六历"中的《殷历》系统。

关键词：纬书 《考灵曜》 中星 距度

传世文献中最早关于中星的记载在《夏小正》和《尚书·尧典》，《左传》、《国语》等有零星的记载，但它们都只记载了中星的星名，没有记载中星的距度。《尧典》的记载十分齐整，谓"日中星鸟，以殷仲春；⋯⋯日永星火，以正仲夏；⋯⋯宵中星虚，以殷仲秋；⋯⋯日短星昴，以正仲冬。"1927年，竺可桢先生在《科学》杂志上发表长文《论以岁差定〈尚书·尧典〉四仲中星之年代》，根据现代天文学岁差原理分析《尧典》的四仲中星，得出其中三个中星的年代在殷末周初，只有"日短星昴"可能是"唐尧以前之天象"[1]。此文开中国历史天文年代学之先河。近年来胡铁珠先生对《夏小正》中的星象做了全面整理和分析，得出结论认为《夏小正》星象最早源自夏代，沿用至周代[2]。天文年代学的计算需要一些基本假定，如竺可桢先生对观测日期、时间、地点、对应星等四项做了设定，并认为其中观测对应星的设定"最为困难"[3]。这一困难的主要原因，与文献没有记载中星距度有关。

《吕氏春秋·十二纪》《礼记·月令》《淮南子·时则训》等传世文献载有十二月日在、昏、旦中星的星宿名，均不记中星、日在距度。1975年湖北云梦睡虎

---

[1] 竺可桢：《论以岁差定〈尚书·尧典〉四仲中星之年代》，《科学》1927年第11卷第12期；竺可桢：《竺可桢文集》，科学出版社，1979年，第100—107页。

[2] 胡铁珠：《〈夏小正〉星象年代研究》，《自然科学史研究》2000年第3期。

[3] 竺可桢：《论以岁差定〈尚书·尧典〉四仲中星之年代》，《竺可桢文集》，科学出版社，1979年第104期。

地秦墓出土竹简《日书》甲、乙编[1]、新近公布的湖北
随州孔家坡汉墓竹简《日书》[2]等，载有十二月日在宿
名，无昏旦中星及日在距度。正史天文律历志中，《汉
书·天文志》始载四仲中星之距度："冬至昏奎八度中，
夏至氐十三度中，春分柳一度中，秋分牵牛三度七分
中"；并说明中星是用来推算太阳位置的："日行不可
指而知也，故以二至二分之星为候。"《汉书·律历志》
载有十二次度、二十四节气日在距度，其中"牵牛初
冬至""娄四度春分""井三十一度夏至""角十度秋分"，
可与天文志载四仲中星距度相对应。《后汉书·律历
志》始载"二十四气日所在、黄道去极、晷景、昼夜
漏刻、昏旦中星"等诸项全套距度、刻分数据，且晷
漏、日在、中星可以互求。《汉书》所载应是"太初历"
（公元前 104 年颁行）实测的成果，竺可桢先生推算前
汉书四仲中星距度的古今赤经差平均约 29°4′，年代
当公元前 190 年（汉惠帝五年），与"太初历"颁行年

---

[1] 云梦睡虎地秦墓编写组：《云梦睡虎地秦墓》，文物出版社，1981 年；
睡虎地秦墓竹简整理小组：《睡虎地秦墓竹简》，文物出版社，1990 年。

[2] 湖北省文物考古研究所、随州市考古队：《随州孔家坡汉墓简牍》，
文物出版社，2006 年。

代比较接近。《后汉书·律历志》载中星距度等出自《四分历》，由编䜣、李梵创制，东汉章帝元和二年（公元85 年）正式颁布施行。近来笔者发现一份独立的四仲中星及二至日在的距度数据，载在纬书《尚书·考灵曜》中，该书的成书年代当在"太初历"以后，后汉《四分历》以前，然数据反映的却是战国末年的天象，且是迄今所见年代最早的四仲中星与日在距度数据。

据《后汉书·律历志》记载，在东汉围绕《四分历》的争论中，贾逵论历、蔡邕论历、刘洪论历等都屡屡提到纬书《尚书·考灵曜》。谶纬盛行于西汉晚期至东汉 [1]，魏晋后日渐衰落，刘宋后谶纬之书受到历朝查禁，宋代严厉禁止传习谶纬，藏匿纬书者处死，谶纬文献大多散佚 [2]，《宋史·艺文志》谓"今纬书存者独《易》"。《尚书·考灵曜》大约在宋以后佚失。明清纬书辑佚本以明孙毅《古微书》、清赵在翰《七纬》和乔松年《纬捃》较为完备。20 世纪 90 年代，河北人民出版社出

---

[1]　姜忠奎：《纬史论微》，上海书店出版社，2005 年，第 21 页；蒋甸水：《谶纬之学与自然科学》中国科学技术大学研究生院（合肥）硕士研究生毕业论文，1993 年。

[2]　徐兴无：《谶纬文献与汉代文化构建》，中华书局，2003 年，第 92 页。

版日本学者安居香山、中村璋八辑《纬书集成》，被认为"是纬书辑佚的集大成之作"（李学勤语）[1]，"是迄今为止最为完备的纬书辑本"[2]。本文所引《尚书·考灵曜》均出自《纬书集成》。

纬书中尚有《河图·考灵曜》，《纬书集成》仅辑得两条，面目不清；而《尚书·考灵曜》则是《尚书纬》中佚文残存最多者。从佚文辑本来看，《考灵曜》与天文历法有密切关系。关于"灵曜"一词，屈原《楚辞·天问》："角宿未旦，灵曜安藏？"据文意显指太阳。《纬书集成·解说》引历代注释证明"'灵曜'指天、地、日、月等"。又引孙瑴《古微书》："谈天莫详于纬书，'考灵曜'所由名也。汉儒穷纬，故谈天为至精。"又朱彝尊《说纬》："按《考灵曜》文，大都推步之说，其言天体特详。"由是可见《考灵曜》之概貌。本文引《考灵曜》四仲中星及日在距度，根据郑玄注复原其中星与日在互求的方法，证明《考灵曜》确与推步历法有关，并

---

[1] 李学勤：《纬书集成序》，〔日〕安居香山、中村璋八：《纬书集成（上）》，河北人民出版社，1994年。

[2] 吕宗力、栾保群：《纬书集成前言》，〔日〕安居香山、中村璋八《纬书集成（上）》，河北人民出版社，1994年，第2—3页。

试图探讨其所属历法系统。

一、中星与日在的记载

《尚书·考灵曜》关于四仲中星的记载：

○春一日，日出卯入酉，昴星一度中而昏，斗星十二度中而明；

仲夏一日，日出寅入戌，心星五度中而昏，营室十度中而明；

秋一日，日出卯入酉，须女四度中而昏，东井十一度中而明；

仲冬一日，日出辰入申，奎星一度中而昏，氐星九度中而明。

※仲春一日，日出於卯，入於酉，柳星一度中而昏，斗星十三度中而明。

※仲夏一日，日出於寅，入於戌，心星五度中而昏，营室十度中而明。

※仲秋一日，出於卯，入於酉，须女四度中而昏，东壁十一度中而明。

※ 仲冬一日，日出於辰，入於申，奎星一度
中而昏，五星七度中而明。

上述佚文互校，并参考前后汉书四仲中星的记载，
可知："昴星一度中而昏"中的"昴星"当为"柳星"之
误；"东壁十一度中而明"的"东壁"当为"东井"之误；
"五星七度中而明"的"五星"当为"氐星"之误。它如
"斗星十二度"或作"十三度"，"氐星九度"或作"七
度"，经验算当以斗十二度、氐七度为宜（详见下文）。

《尚书·考灵曜》关于日在位置的记载：

○冬至，日月在牵牛一度。

○夏至日，日在东井廿三度有九十六分之
九十三。

○冬至日，日在牵牛一度又九十六分之
五十七。

兹将《尚书·考灵曜》及前、后汉书关于四仲昏
旦中星及日在距度列如下表。

表 1　四仲中星及日在距度

四仲	出处	昏中	日在	旦中
春分	《前汉书》	柳一度	娄四度	
	《考灵曜》	柳星一度		斗星十二度
	《后汉书》	鬼四	奎十四度十分	斗十一弱
夏至	《前汉书》	氐十三度	井三十一度	
	《考灵曜》	心星五度	东井廿三度有九十六分之九十三	营室十度
	《后汉书》	氐十二少弱	井二十五度二十分	室十二少弱
秋分	《前汉书》	牵牛三度七分	角十度	
	《考灵曜》	须女四度		东井十一度
	《后汉书》	牛五少	角四度三十分	井十六少强
冬至	《前汉书》	奎八度	牵牛初［斗二十一度］	
	《考灵曜》	奎星一度	牵牛一度又九十六分之五十七	氐星七度
	《后汉书》	奎六弱	斗二十一度八分	亢二少强

二、"古度"系统

　　汉代把"太初历"落下闳所校定的二十八宿石氏距度称为"今度"，前此所测称之为"古度"。先秦古六历及后汉《四分历》以周天为三百六十五又四分之一度，太阳日行一度，故一年为三百六十五又四分之一日，因有余数（日法分）四分之一，故称之"四分术"。"太初历"虽用邓平"八十一分术",但其二十八宿石氏距度仍用"四分法"。"太初历"以"牵牛初度"为冬至日所在即历法年的起算点,故将"四分之一"分度置于牛前斗宿之末,称之为"斗分"[1],因之"今度"斗宿距度为二十六度四分度之一。如果以冬至在斗宿(或作建星),就可能将"四分之一"分度置于斗前箕宿之末,称之为"箕分"。目前知含"箕分"的距度为《淮南子·天文训》:"星分度……箕十一四分一,斗二十六。"但属于"今度"体系,其时代在"太初历"以前,应是落下闳校定"今度"的基础。唐僧一行《大衍历》重测二十八宿距度将周天余分置于虚宿之末,称之为"虚分"。

《后汉书·律历志》载蔡邕议历:"光、晃历以《考灵曜》为本,二十八宿度数及冬至日所在,与今史官、甘、石旧文错异,不可考校。"是明言《考灵曜》距度不属于"今史官"沿用的"今度"系统。又载贾逵论历:"案《行事史官注》:《尚书·考灵曜》'斗二十二度,无余分,冬至在牵牛所起'。"是明言《考灵曜》距度没

---

[1] 中国天文学史整理研究小组:《中国天文学史》,科学出版社,1981年,第79页注②。

有"斗分"。《考灵曜》"斗二十二度"属于古度，与西汉末年刘向《洪范传》所载古度（见《开元占经》转引）以及安徽阜阳西汉汝阴侯夏侯灶墓出土的二十八宿圆盘古度[1]相同。因斗宿"无余分"，有两种可能：一为周天度无余分，即周天三百六十五度或三百六十六度；另一可能即周天度有余分，没有"斗分"而有其他分。《尚书·尧典疏》"周天三百六十五度四分度之一。而日日行一度，则一期三百六十五日四分日之一。今《考灵曜》《乾凿度》诸纬皆然。"可知《考灵曜》周天有余分，但余分置于哪一宿之末，则不得而知。

《开元占经》记载刘向《洪范传》古度周天三百六十五度无余分，夏侯灶墓圆盘古度也无余分，兹据《洪范传》古度以"牵牛初"为起点（起"牛初"算外）计算各宿积度列如下表，以作为下文进一步推论的基础。

---

[1] 安徽省文物工作队、阜阳地区博物馆、阜阳县文化局：《阜阳双古堆西汝阴侯墓发掘简报》，《文物》1978年第8期；殷涤非：《西汉汝阴侯墓出土的占盘和天文仪器》，《考古》1978年第5期；王健民、刘金沂：《西汉汝阴侯墓出土圆盘上二十八宿古距度的研究》，《中国古代天文文物论集》，文物出版社，1989年。

表 2 《洪范传》古度及其牛初积度

	斗	牛	女	虚	危	室	壁	奎	娄	胃	昴	毕	觜	参
古度	22	9	10	14	9	20	15	12	15	11	15	15	6	9
积度	365	9	19	33	42	62	77	89	104	115	130	145	151	160

	井	鬼	柳	星	张	翼	轸	角	亢	氐	房	心	尾	箕
古度	29	5	18	13	13	13	16	12	9	17	7	12	9	10
积度	189	194	212	225	238	251	267	279	288	305	312	324	333	343

三、冬至点的年代

《汉书·律历志》载"元封七年,复得阏逢摄提格之岁,仲冬十一月甲子朔旦冬至,日月在建星,太岁在子,已得太初本星度新正。"《后汉书·律历志》载贾逵论历曰:"太初历冬至日在牵牛初者,牵牛中星也……《石氏星经》曰:'黄道规牵牛初直斗二十度,去极二十五度。'于赤道,斗二十一度也。";又载蔡邕议历提到元和二年(公元 85 年)汉章帝颁行《四分历》诏书说:"史官用太初邓平术,冬至之日,日在斗二十一度,而历以为牵牛中星。"这说明制定太初历时实际测得冬至点太阳位置在建星或者更精确地表示在斗二十一度,但官方历法却硬性规定冬至日在牵牛初。《新唐书·历志》载僧一行《大衍历议·日度议》评论此事曰"袭《春秋》旧历者，则以为在牵牛之首；其考当时之验者，则以为入建星度中。"用现代天文学方法推算得：冬至牛初是公元前450年左右的天象[1]，冬至斗二十一度则是公元前70年左右的天象[2]，证明一行的评议非常精当。

《考灵曜》冬至点太阳位置，与一行所说"袭《春秋》旧历者"相类似，但它的"牵牛初"已不是前450年的那个定点。《纬书集成》辑得《考灵曜》载"冬至起牵牛初"或"冬至在牵牛所起"者五条，另一条为"冬至起牵牛"；另两条如上文所引为"冬至日月在牵牛一度"，"冬至日日在牵牛一度又九十六分之五十七"。最后一条的位置最为精确，辑自隋杜台卿《玉烛宝典》。《后汉书·律历志》载贾逵论历曰"编欣等据今日所在未至牵牛中星五度，于斗二十一度四分一，与《考灵曜》相近，即以明事。"贾逵所论告诉我们：由于《考灵曜》采用"斗二十二度无余分"的古度体系，因之《考

---

[1] 中国天文学史整理研究小组：《中国天文学史》，科学出版社，1981年，第74页注②、第92页注②；潘鼐《中国恒星观测史》，学林出版社，1989年，第32—38页。

[2] 中国天文学史整理研究小组：《中国天文学史》，科学出版社，1981年，第92页注③。

灵曜》所说的"牵牛初"乃至"牵牛一度又九十六分之
五十七"，与编欣《四分历》的"斗二十一度四分一"
是非常接近的。

后汉《四分历》冬至点在"斗二十一度四分一"
的数据与公元前 80 年左右的天象相符[1]，比《玉烛宝
典》引《考灵曜》的冬至点西退四分之三度加"一度又
九十六分之五十七"，合今 2.31°，以岁差计《考灵曜》
冬至点早《四分历》数据约 180 年，当战国晚期秦昭
襄王四十七年（公元前 260 年）左右。

设斗宿今古距星合一，按斗宿今度二十六又四分
之一度定今度"牵牛初"为前 450 年冬至点；又按斗
宿古度二十二度无余分定古度"牵牛初"为《考灵曜》
冬至点，则《考灵曜》冬至点比前 450 年西退度数为：
二十六又四分之一度减二十二度、再减一度又九十六
分之五十七，合今 2.618°，以岁差计《考灵曜》冬至
点的年代比前 450 年冬至点晚约 204 年，当战国晚期
秦王政元年（公元前 246 年）左右，此与上所算（公元
前 260 年）十分密近，可以互相印证。

─────────

[1] 中国天文学史整理研究小组：《中国天文学史》，科学出版社，1981
年，第 92 页注⑤。

历法史上与此可以相当的大事，是吕不韦为秦相摄政时期（公元前249—前237年）得到《颛顼历》"以为秦法，更考中星、断取近距"（《大衍历议·日度议》），将《颛顼历》己巳元改为"乙卯元"（秦始皇元年为乙卯岁）[1]，从而颁行《颛顼历》。《考灵曜》所载"冬至日日在牵牛一度又九十六分之五十七"很可能就是吕不韦组织新测的结果，不过不是实测冬至点，而是通过实测夏至点，再推算得到的冬至点数据（详见下文）。

四、夏至点太阳位置

天球上夏至点在冬至点的正对面，两者赤经差正好为180°。《考灵曜》"夏至日日在东井廿三度有九十六分之九十三"条，辑自隋杜台卿《玉烛宝典》。今从其夏至点始，依表2所列《洪范传》古度，按井、鬼、柳、星、张、翼、轸，角、亢、氐、房、心、尾、箕，斗、牛等顺序依次积度至冬至点"牵牛一度又九十六分之

---

[1] 阮元：《畴人传·吕不韦》，商务印书馆，1955年；朱文鑫：《天文考古录·中国历法源流》，商务印书馆，1933年。

五十七"，共得 182 又 2.5/4 度，以周天 365 又 1/4 度
制换算为周天 360° 制，正好为 180°。

这证明两点：第一，《考灵曜》日在距度确实使用
《洪范传》古度系统；第二，《考灵曜》周天余分既不在
斗、也不在箕，而是在牛、女、虚……至毕、觜、参
之间，最有可能在牛宿之末而为《洪范传》所失载。

五、求"昏明中距"算法

"昏明中距"指昏明中星去日度距，即"日在"（太
阳位置）与昏明中星之间的距离（赤经差）。《考灵曜》
载"观玉仪之游（一作"旋"），昏明主时，乃命中星"。
郑玄注："以玉为浑仪，故曰玉仪；昏明主时，谓昼夜
漏刻"；"汉名臣奏曰：今史官所用候台铜仪，则混（浑）
天法也"。《大衍历议·日度议》："太史公（司马迁）
等观二十八宿疏密，立晷仪，下漏刻，以稽晦朔、分
至、躔离、弦望，其赤道遗法，后世无以非之。"是谓
太初改历司马迁等遵照"浑天说"赤道方法，以昼夜
漏刻数循二十八宿距度推求昏明中星，此一根本方法
"后世无以非之"。但在求"昏明中距"的具体算法上，

《考灵曜》与《后汉书·律历志》[1]明显不同。《考灵曜》载求昏明中距术文及东汉大儒郑玄注：

> 夏至日，日在东井廿三度有九十六分之九十三，求昏中者，取十二顷，加三旁，蠡顺除之。求明中者，取十二顷，加三旁，蠡却除之。郑玄曰："长日昼行廿四顷，中止（止当为正）南分之，左十二顷也。通十二顷、三旁，得百四十二度有四百分之二百八十三也。"
>
> 冬至，日月在牵牛一度。求昏中者取六顷，加三旁，蠡顺除之。郑玄注曰："尽（当为昼）行十二顷，中正而分之，左右各六顷也。蠡，犹罗也。昏中在日前，故言顺数也；明中在日后，故言却也。"

蠡顺、蠡却谓以日在距度为始点，依次罗列递加"昏中距"范围内的列宿距度得昏中星，递减"明中距"范围内的列宿距度得明中星。"昏中距"与"明中距"

---

[1] 陈美东:《古历新探》，辽宁教育出版社，1995年，第81页。

在数值上相等，如夏至昏明中距由"通十二顷、三旁"而得到。

关于夏至"取十二顷"、冬至"取六顷"的天文学含义，《考灵曜》云：

> 昼夜三十六顷。
>
> 昼夜之量，三十六顷率。郑氏注：率，有定数也。
>
> 分周天为三十六頭，頭有十度九十六分度之十四。长日分于寅，行二十四頭，入於戌，行十二頭。短日分於辰，行十二頭，入於申，行廿四頭（按：頭当为顷之误）。

由此可知"昼夜三十六顷"相当于现代天球坐标系中的时角圈周天 360°，每一顷合今 10°，化为 365 又 1/4 度制则每一顷合 10 又 14/96 度。36 顷制可以看作具有中国特色的 360° 制。冬至"取六顷"指冬至半昼弧为 60°，夏至"取十二顷"指夏至半昼弧为 120°。

关于"三旁"的天文学含义，《考灵曜》云："日入三刻为昏，不尽三刻为明。""旁"与"傍"通，"三旁"当指"三刻傍晚"或"三刻傍明"，相当于现代天文学中的晨昏矇影时刻。"三刻傍晚"限定日落以后三刻为黄昏终止时刻，是为昏中星的观测时刻；"三刻傍明"限定日出以前三刻为平旦开始时刻，是为旦（明）中星的观测时刻，经验算这大约是基于平均数——春秋分时的矇影时刻而言的（详下）。

因此，《考灵曜》求"昏明中距"算法的物理意义：昏明中距是半昼弧与矇影时刻的通分数（见图1）。夏至"通十二顷、三旁"，得

（12/36 + 3/100）× 365.25 度 =132 又 283/400 度

郑玄注为"百四十二度有四百分之二百八十三"，可能传抄有误，"百四十二度"应为"百三十二度"。

验之以冬至，《考灵曜》术文及郑玄注：

　　冬至日，日在牵牛一度又九十六分之五十七，求昏中者，取六顷，加三旁，蠡顺除之。求明中者，取六顷，加三旁，蠡却除之。郑玄曰"……短日尽（当为昼）行十二顷，俱中正南分之，左右各六顷也。通六顷、三旁得七十度四分之三百三十二。

冬至"通六顷、三旁",得

（6/36+3/100）×365.25 度 =71 又 333/400 度

郑玄注"七十度四分之三百三十二"有误,实为"七十一度四百分之三百三十三"。

《考灵曜》没有记载关于春秋分"昏明中距"的具体算法,参照二至算法可推知春秋分半昼弧当"取九顷",再加"三旁"得其昏明中距。其算式为"通九顷、三旁",得

（9/36+3/100）×365.25 度 =102 又 108/400 度

《新唐书·律历志》载僧一行《大衍历议·日度议》:"古历,冬至昏明中星去日九（当为八）十二度,春分、秋分百度,夏至百一十八度,率一气差三度,九日差一刻。"《考灵曜》的昏明中星去日度距,春秋分与一行所谓"古历"略近,二至则与"古历"相差甚远。

六、对中星距度的验算

根据上所揭求昏明中距算法,已知二至日在位置,很容易验算《考灵曜》所载的中星距度是否合理。

以夏至为例：夏至"日在东井廿三度有九十六分之九十三"，按表2以"牛初"起算得积度 183.96875 度，昏明中距为 132.7075 度，验算其昏明中星的"牛初"积度为

昏中星 = 日在 + 昏中距 =183.96875+132.7075=316.6763（度）

旦中星 = 日在 – 明中距 =183.96875–132.7075=51.26125（度）

化算为二十八宿距度，则昏中星为心星 4.68 度，旦中星为营室 9.26 度，与《考灵曜》"心星五度中而昏，营室十度中而明"十分密合，误差在 1 度以内（表 3）。

《考灵曜》冬至旦中星距度的记载值与其验算值几乎没有误差，只有冬至昏中星的误差较大为 4.57 度（表 3），可能与传抄错误有关。

表3 《考灵曜》中星、日在的牛初积度与验算值对照表

节气	半昼弧（理论值）	昏明中距（验算值）	昏中			日在		旦中		
			考灵曜	验算值	差值	考灵曜	验算值	考灵曜	验算值	差值
春分	92.36	102.27	195	194.645	0.355		92.375	355	355.355	–0.355
夏至	110.26	132.7075	317	316.67625	0.32375	183.96875		52	51.26125	0.73875
秋分	92.36	102.27	13	11.645	1.355		274.625	171	172.355	–1.355
冬至	74.76	71.8325	78	73.42625	4.57375	1.59375		295	295.01125	–0.01125

　　春秋分的日在位置《考灵曜》没有明文记载，兹取旦中距度至昏中距度之间的正中间位置，为日在距度的验算值（图 1）：如春分昏中柳星 1 度合牛初积度 195 度，明中斗星 12 度合牛初积度 355 度，则春分日在牛初积度 92.375 度合娄 3.375 度（《汉书·律历志》作"娄四度"）；秋分昏中须女 4 度合牛初积度 13 度，明中东井 11 度合牛初积度 171 度，则秋分日在牛初积度 274.625 度合角 7.625 度（《汉书·律历志》作"角十度"）。再以昏明中距为 102.27 度，验算其昏明中星的"牛初"积度为：

　　春分昏中星 = 日在 + 昏中距 =92.375+102.27=194.645（度）

　　春分旦中星 = 日在 - 明中距 =92.375-102.27=-9.895=355.355（度）

　　秋分昏中星 = 日在 + 昏中距

　　=274.625+102.27=376.895=11.645（度）

　　秋分旦中星 = 日在 - 明中距

　　=274.625-102.27=172.355（度）

　　可知验算值与《考灵曜》春分昏明中星的差值为 ±0.355 度，秋分差值为 ±1.355 度（表 3）。

总之，除个别数据以外，《考灵曜》所载中星距度与其算法验算值误差在 1 度左右，应该是比较合理的。

七、对昏终旦始时刻的验算

《考灵曜》昏明中距算法中实际包含了"半昼弧"的概念。这在春秋分上表现得十分明显，因为在任何地点的春秋分时刻，昼夜都是平分的，与地理纬度无关。上所推春秋分"取九顷"就是基于时角圈上的昼弧与夜弧平分（实际上由于蒙气差及太阳视半径影响，春秋分昼弧略大于夜弧）；春秋分"三旁"表示昏终在日落后三刻、旦始在日出前三刻（参见图 1a）。

冬、夏至的昼夜长短与地理纬相关，《考灵曜》规定夏至"取十二顷"、冬至"取六顷"，并不能真实地反映相应的"半昼弧"，因之二至的"三旁"也不能真实地代表相应的晨昏曚影时分。我们可将其昏明中距验算值，与现代天文学方法计算得出的半昼弧理论值相比较，考察其昏终、旦始时刻。据球面天文学关系，有

$$\cos Z = \sin\phi \sin\delta + \cos\phi \cos\delta \cos t$$

式中 Z 为天顶距，ϕ 为观测地的地理纬度，t 为时角，δ 为太阳赤纬——夏至 δ = 黄赤交角 ε，冬至 δ = $-\varepsilon$。

今取阳城纬度 ϕ =34.4°，取公元前后的黄赤交角 ε =23.7°，取天顶距为太阳刚好冒出或者没入地平线时（含蒙气差及太阳视半径在内）Z=90.85°，则

冬至半昼弧 t=73.6841°，化为 365.25 度制得 74.76° 度

夏至半昼弧 t=108.6752°，化为 365.25 度制得 110.26° 度

《考灵曜》的冬至昏明中距小于冬至半昼弧理论值约 3 度，说明其所谓昏终、旦始时刻太阳根本没有没入地下，所谓"奎星一度中而昏，氐星七度中而明"完全看不见（参见图 1c），是推算的结果，与实际观测无关。

《考灵曜》的夏至昏明中距大于夏至半昼弧理论值约 22.45 度，化为 100 刻制约合 6.1 刻，说明夏至昏、旦中星是实测的结果，但其晨昏曚影时刻约比春秋分的长出 1 倍（参见图 1b），昏终在日落后六刻、旦始在日出前六刻。即《考灵曜》夏至"通十二顷、三旁"

自日在求中星的算法，等效于六刻矇影时分的中星
观测。

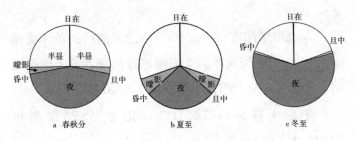

图 1 《考灵曜》中星、日在示意图

八、《考灵曜》历法系统推断

《尚书·考灵曜》的中星、日在数据及推步方法等，
不见于《史记》《汉书》《后汉书》的天文、律历等书
志的记载，可能与失传的先秦"古六历"有关。关于"古
六历"的面貌，文献记载仅留下"古六历"历元及上元
积年的资料，并知"古之六术，并同四分"（《宋书·律
历志下》载祖冲之语）等 [1]，其他情况不甚清楚。今据

---

[1] 中国天文学史整理研究小组：《中国天文学史》，科学出版社，1981
年，第 74 页。

《后汉书·律历志》关于"熹平论历"等事件的记载，可知《考灵曜》"推步之说"与古六历中的《殷历》有关。

晋司马彪撰《续汉书·律历志》(或作《后汉书·律历志》)论曰"黄帝造历，元起辛卯，而颛顼用乙卯，虞用戊午，夏用丙寅，殷用甲寅，周用丁巳，鲁用庚子"。这里给出古六历的所有历元名称。其载"熹平论历"事如次：

灵帝熹平四年(公元 175 年)，五官郎中冯光、沛相上计掾陈晃言："历元不正，故妖民叛寇益州，盗贼相续为害。历当用甲寅为元而用庚申，图纬无以庚申为元者。"

议郎蔡邕议，以为……汉兴承秦，历用颛顼，元用乙卯。百有二岁，孝武皇帝始改正朔，历用太初，元用丁丑，行之百八十九岁。孝章皇帝改从四分，元用庚申。今光、晃各以庚申为非，甲寅为是。案历法，黄帝、颛顼、夏、殷、周、鲁，凡六家，各自有元。光、晃所据，则殷历元也。

而光、晃历以《考灵曜》为本，二十八宿度数及冬至日所在，与今史官、甘、石旧文错异，不可考校；以今浑天图仪检天文，亦不合于《考灵曜》。

此载冯光、陈晃借民变攻击《四分历》(庚申元)，蔡邕指出光、晃所据《考灵曜》历法本自《殷历》(甲寅元)，其二十八宿距度及"冬至日在"既不符合"今史官"及甘、石诸家，也与用浑天仪实际检测的天象不符。

又载刘洪论历：

洪上言：推汉已巳元，则《考灵曜》旃蒙之岁乙卯元也，与光、晃甲寅元相经纬……甲寅历于孔子时效；已巳颛顼，秦所施用，汉兴草创，因而不易，至元封中，迁阔不审，更用太初，应期三百改宪之节。甲寅、已巳谶虽有文，略其年数，是以学人各传所闻，至于课校，罔得厥正。

可知《殷历》"甲寅元"系统自孔子时代起行效于当时，至吕不韦将《颛顼历》已巳元"断取近距"改为"乙卯元"，施用于秦及汉初，至汉武帝元封七年（公元前 104 年）为"太初历"所取代，至东汉章帝元和二年（公元 85 年）改行《四分历》。但由于"太初历"与《四分历》没有谶纬依据，往往成为被攻击的对象。《颛顼历》在汉初误差已十分明显，"朔晦月见，弦望满亏多非是"（《汉书·律历志》），因此没有人用它来作为进攻的武器，"甲寅元历"（《殷历》）因之成为攻击官方历法的首选工具。

《汉书·律历志》载汉昭帝元凤三年（公元前 78 年），太史令张寿王攻击太初历，"寿王历乃太史官《殷历》也"。可见不仅民间有习"甲寅元历"者，朝廷史官仍保留有《殷历》文本。《后汉书·律历志》载东汉安帝延光二年（公元 123 年），"中谒者亶诵言当用甲寅元"，太尉恺等议："甲寅元与天相应，合图谶，可施行。"至灵帝熹平年间冯光、陈晃主张用"甲寅元历"取代《四分历》。他们都拿历元做文章，其基本依据就是"甲寅元"合于图谶。这些图谶包含在《春秋·元命苞》《春秋·命历序》《尚书·考灵曜》等纬书中。《后汉书·律历志》载"中兴以来，图谶漏泄，而《考灵曜》、《命历序》皆有甲寅元。"因此《考灵曜》中保留《殷历》系统的数据和推步术条文是不足为奇的。不过此时的

《殷历》可能已不完全是孔子时代的《殷历》，而有可能吸收了秦相吕不韦改造《颛顼历》的成果。

本文对《尚书·考灵曜》记载的四仲中星及日在距度进行分析和验算，证明它基本合于推步历法。又据《后汉书·律历志》"熹平论历"等记载，考证《考灵曜》"推步之说"本自《殷历》系统。这使我们获得了关于先秦"古六历"面貌的一些新认识。

（原载于《广西民族大学学报（自然科学版）》，2006年第4期，第17—23页）

《易纬·通卦验》中的晷影数据

摘要 根据卦气与晷影相应验的宗旨，《易纬·通卦验》记载了一套作为应验标准的晷影数据，与两汉时期其他的晷影数据都不相符合。经检验《易纬》与《周髀算经》《太初历》等同样采用等差数列法构建晷长数据。《易纬》数据出现在"太初历"之后，后汉《四分历》之前，可能是中国天文学史上等差数列晷影数据的最后一个版本，反映了当时的科学认知水平。

关键词 易纬 卦气 晷影

中国古代天文学与天文星占有密切关系，纬书中保存有丰富的天文星占内容，据估计现存纬书佚文中天文星占约占一半以上 [1]。抛开星占迷信的一面,其中不乏对古代天文学史研究极有价值的材料,《易纬·通卦验》中的晷影数据就是一例,值得认真研究。

一、关于《易纬·通卦验》

一般认为谶纬之术兴起于西汉末年哀平之际,王莽篡汉、光武中兴都利用了谶纬,故东汉时大盛于世 [2]。魏晋后日渐衰落,刘宋以后谶纬之书受到历代查禁。宋代严厉禁止传习谶纬,藏匿纬书者处死,因之谶纬文献大多散佚 [3],不知何故,《易纬》得以独存。《宋史·艺文志》谓"今纬书存者独《易》"。传世本《易纬》八种文献中,《通卦验》的文献价值较高,清张惠言《易纬略义·序》云"其近完存者,《稽览图》《乾凿度》《通

[1] 吕宗力、栾保群:《纬书集成·前言》,见载〔日〕安居香山、中村璋八辑《纬书集成》(上),河北人民出版社,1994年。本文所引传世本《易纬·通卦验》,皆出自《纬书集成》。

[2] 姜忠奎:《纬史论微》,上海书店出版社,2005年,第21页;蒋甸水:《谶纬之学与自然科学》,中国科学技术大学研究生院(合肥)硕士研究生毕业论文,1993年。

[3] 徐兴无:《谶纬文献与汉代文化构建》,中华书局,2003年,第92页。

卦验》。"因之《通卦验》是易纬中比较可靠的一种。

《通卦验》书名较早见于南朝沈约《宋书》的《礼志》《五行志》，隋杜台卿《玉烛宝典》，唐萨守真《天地瑞祥志》及唐章怀太子李贤的《后汉书注》等，宋代书目著作《郡斋读书志》《通志·艺文略》《直斋书录题解》《遂初堂书目》等均有著录。宋存易纬收入明《永乐大典》，为清《四库全书》所采纳，收入丛书集成初编[1]。《四库总目提要》载《易纬通卦验》二卷（永乐大典本）：

> 案《易纬通卦验》，马端临《经籍考》及《宋史·艺文志》俱载其名。黄震《日抄》谓其书大率为卦气发。朱彝尊《经义考》则以为久佚，今载於《说郛》者，皆从类书中凑合而成，不逮什之二三。盖是书之失传久矣。《经籍考》《艺文志》旧分二卷，此本卷帙不分。核其文义，似於"人主动而得天地之道，则万物之蕴尽矣"以上为上卷。"曰：凡《易》八卦之气，验应各如其法度"

---

[1] 郑玄注：《易纬·通卦验（及其他三种）》，中华书局，1991年，丛书集成初编本。

以下为下卷。上明稽应之理，下言卦气之征验也。至其中讹脱颇多，注与正文，往往相混。其字句与诸经注疏、《续汉书》刘昭补注、欧阳询《艺文类聚》、徐坚《初学记》、宋白《太平御览》、孙珏《古微书》等书所征引，亦互有异同。第此书久已失传，当世并无善本可校。类书所载，亦辗转讹舛，不尽可据。谨於各条下拟列案语，其文与注相混者，悉为釐正，脱漏异同者，则详加参校，与本文两存之。盖通其所可知，阙其所不可知，亦阙疑仍旧之义也。

卦气与物候、晷影相应验，是《易纬·通卦验》的宗旨。《通卦验》认为在正常情况下"八风二十四气，其相应之验，犹影响之应人动作、言语也"。《通卦验》卷下把"卦气"分为两部分：前部分指"八卦之气"及四季"卦气比"，先用八个纯卦代表八种"正气"，应八节（分至启闭）而验气——如果卦气不能应时而至，谓之"气不至"（实指节气不能按历而至），则预示着灾祸；次列春、夏、秋、冬四季"候卦气比"的应验征兆，每季"卦气不效"的情形又分为"一卦不至""二卦不至""三卦不至"等，三四共十二个月卦气的情况。后部分直指"二十四气"，采用前汉孟喜、京房卦气说，用震、离、兑、坎四正卦，表示春、夏、秋、冬四时的阴阳消长，将这四卦共二十四爻分配给二十四节气，每爻代表相应节气的卦气，每一卦气与相应的物候、晷影长度相应验。如果"当至不至""未当至而至"，则预示着灾祸。

为此，《通卦验》记载了一套作为应验标准的晷影数据。然而，这套数据却与比《通卦验》成书稍后的后汉《四分历》中的晷影数据不相符合。《后汉书·律历志》刘昭注"易纬所称晷景长短，不与相应，今列之于后，并至与不至各有所候，以参广异同"。刘昭是南朝梁人，南朝沈约《宋书》已见《通卦验》书名，刘昭所引晷长见于传世本《通卦验》，故刘昭所注《易纬》实指《易纬·通卦验》。

综上所述，南朝已见《通卦验》书名，而刘昭所引晷长数据至晚在南朝已有定本，其时距离谶纬盛行的东汉不远，应该保存了较古的面貌。

二、对《易纬》晷影数据的校正

晷影数据反映昼夜长短和季节变化的信息，有自身的规律，不可随意罗列。《易纬》记录的晷长数据呈线性关系，并且增减对称，因此可对少数因传抄致误的数据进行校正。

自东汉以前关于晷影长度比较全面的记载约有《周髀算经》《汉书·天文志》《易纬·通卦验》、后汉《四分历》等四种，表高均为八尺，所载晷影长度各本不同。《周礼》"土圭"制度中的晷长数据仅保留夏至晷长"尺有五寸"，其他无存。

其中《周髀算经》与《易纬·通卦验》的晷长数据呈线性关系，即冬、夏二至之间的晷长成等差级数排列，其公差文献称之为"损益率""增减率"或单称为"率"。《周髀算经》称"凡八节二十四气，气损益九寸九分六分分之一"；《通卦验》增减率为"九寸六分"。

《汉书·天文志》没有把二十四气晷长载全，只载夏至晷长"尺五寸八分"，冬至晷长"丈三尺一寸四分"，春秋分晷长"七尺三寸六分"。荀悦《前汉纪·高后纪》、刘向《洪范传》等所载与此同。这套数据从春分晷长与二至晷长的关系来看，它的二十四气晷长也应呈线性关系，增减率应为"九寸六分六小分之二"，据此率可以列出其完整的二十四节气晷长表。

后汉《四分历》的二十四气晷长见载于晋司马彪为《后汉书》所补《续汉书》八志中的《律历志》。其夏至晷长"尺有五寸"，又见于《周礼·地官·大司徒》："以土圭之法，测土深，正日景，以求地中……日至之景，尺有五寸，谓之地中。"《周礼·冬官·考工记》"土圭尺有五寸，以致日，以土（度）地。"可见《四分历》夏至晷长数据来源甚古。《四分历》这套数据不成等差级数排列，而呈平滑的曲线关系（见图1）。

另有纬书《尚书·考灵曜》载"日永景长尺五寸，日短景长丈三尺"[1]，与后汉《四分历》的二至晷长相同。由于没有记载春秋分晷长，我们无法知道它是否由等差数列构成，也难以判断它是否如同《四分历》晷长一样呈平滑的曲线关系。

兹将《周髀》、《汉书》、《易纬》、后汉《四分历》

---

[1] 〔日〕安居香山、中村璋八辑：《纬书集成》（上），河北人民出版社，1994年，第348页。

等四种晷影数据列如下表。

二十四节气晷影数据表　　　　单位：寸

二十四气	周髀	汉书	易纬	四分历	二十四气	周髀	汉书	易纬	四分历
冬至	135	131.4	130	130	夏至	16	15.8	14.8	15
小寒	125.08	121.77	120.4	123	小暑	25.92	25.43	24.4	17
大寒	115.17	112.13	110.8	110	大暑	35.83	35.07	34	[21.3]
立春	105.25	102.5	[101.2]	96	立秋	45.75	44.7	43.6	25.5
雨水	95.33	92.87	91.6	79.5	处暑	55.67	54.33	53.2	33.3
惊蛰	85.42	83.23	82	65	白露	65.58	63.97	62.8	43.5
春分	75.5	73.6	72.4	52.5	秋分	75.5	73.6	72.4	55
清明	65.58	63.97	62.8	41.5	寒露	85.42	83.23	82	68.5
谷雨	55.67	54.33	[53.2]	32	霜降	95.33	92.87	91.6	84
立夏	45.75	44.7	43.6	25.2	立冬	105.25	102.5	101.2	100
小满	35.83	35.07	34	19.8	小雪	115.17	112.13	110.8	114
芒种	25.92	25.43	24.4	16.8	大雪	125.08	121.77	120.4	125.6

晷影数据变化的规律体现在"增减率"上。传本《通卦验》于"小寒"下郑玄注云"晷减于冬至九寸二分者，率也"。郑注实误，实际"率"为九寸六分，在两冬至间以夏至为中点对称分布：冬至晷长"丈三尺"，以每气晷减"九寸六分"递减十二次得夏至晷长"一尺四寸八分"；自夏至后按每气晷加九寸六分累加十二次至冬至，复得"丈三尺"。

刘昭注《后汉书·律历志》引《易纬》晷长有两处不合率者，兹据传本[1]及率校正之：

立春：刘昭注晷长一丈一寸六分，传本晷长丈一尺二分，按《玉烛宝典》《占经·日占》《古微书》均引作一丈一寸二分，按率减九寸六分，从《宝典》等。

谷雨：刘昭注晷长五尺三寸六分，传本作五尺三寸二分，按率减九寸六分，从传本。

此外，夏至晷长是一个关键数据，《后汉书·张衡传》唐章怀太子李贤注："《易通卦验》曰："冬至晷长丈三尺；夏至晷长尺五寸"，不与传世本《通卦验》相同，必须辨明。按《律历志》刘昭注引《易纬》夏至晷长"一尺四寸八分"；《太平御览》卷四《天部·晷》引《易通卦验》作"夏至晷长尺有四寸八分"；《开元占经》卷五《日占·日晷影》引"《易纬》曰夏至晷长一尺四寸八分"等。则李贤引《通卦验》夏至晷长"尺五寸"是个孤证，他本均作"一尺四寸八分"；且前者不合率，后者正好与率合，以此知李贤注引《易通卦验》文本有误，今从传本。

后汉《四分历》晷长在大暑一处出现明显错误，

---

[1] 本文所引《通卦验》皆据〔日〕安居香山、中村璋八辑：《纬书集成》（上），河北人民出版社，1994年。

不合平滑曲线，今据其前后气的晷长，进行内插补正，于上表中用方括号［　　］标明。

三、分析与讨论

《周髀》《汉书》《易纬》三套数据的构建方式相同，除了它们的最大值（冬至晷长）与最小值（夏至晷长）或者其中的单个极值可能与实测有关之外，其他数据都与实测无关，而是在两个极值之间或者以单个极值为基点，用等差数列构建出来的。由于所选的"损益率"不同，导致它们在二至晷长数据上略有差异。它们在各气晷长上的差异也甚小，我们可以选取《易纬》数据为代表，以与《四分历》晷长相比较（见图1）。

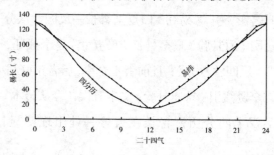

图 1 《易纬》与《四分历》晷长

这四套数据中，以后汉《四分历》冬至晷长"丈三尺"、夏至晷长"尺五寸"为例，按简单的三角关系（见图2），有：

$$\tan(\phi+\varepsilon)=130/80$$

$$\tan(\phi-\varepsilon)=15/80$$

式中 ϕ 为地理纬度，ε 是黄赤交角。若在同一地点观测，为使二至晷长互相适应，须对黄赤交角 ε 取适当值，而黄赤交角的变化与年代有关，因此可以推算出二至晷长互相适应的天文年代。黄赤交角与年代的关系式为[1]：

$$\varepsilon=23°\ 26'21.448''-46.815''T-0.00059''T^2+0.001813''T^3$$

式中 T 为自标准历元 2000.0 起算的世纪数。

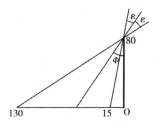

图2　地理纬度与晷长关系

[1] 中国科学院紫金山天文台：《2000 年中国天文年历》，科学出版社，1999 年，第 507 页；胡中为、肖耐园：《天文学教程》上册，高等教育出版社，2003 年，第 116 页。

根据以上关系，我们推算出在理论上二至晷长互相适应的天文年代为：

《周髀》：距今 4900 年，ϕ =34.9°

《易纬》：距今 4300 年，ϕ =34.4°

《四分历》：距今 3600 年，ϕ =34.3°

《汉书》：距今 2400 年，ϕ =34.5°

东周洛阳王城的地理纬度为 34.75°，阳城地理纬度为 34.4°，上所算《周髀》与东周洛阳王城，《汉书》《易纬》《四分历》与阳城纬度等符合得较好；但在年代上《周髀》约当传说中的黄帝时代，《易纬》相当于夏朝早期，《四分历》约当商代中期等，这从常识上判断都是不可能的；只有《汉书》晷长数据的理论年代与实际年代及地理纬度符合得较好，约当秦汉之际至西汉早期，这一时期可以相当的天文学大事是汉武帝时期的"太初改历"。这说明《汉书》二至晷长建立在实测基础之上，其他晷长数据可能是在参照《周礼》土圭制度基础上，为适应数学处理方式构建出来的，因此不适合作天文年代的理论计算。

《隋书·天文志》载"昔者周公测影于阳城，以参考历纪。……先儒皆云：夏至立八尺表于阳城，其影与土圭等。"唐李淳风《周髀算经》注:"《周礼·大司徒》职曰:'夏至之影,尺有五寸。'马融以为洛阳,郑玄以为阳城。"今按郑玄及隋志说法,取阳城纬度 $\phi = 34.4°$,将土圭"尺有五寸"代入下式

$$\tan(\phi - \varepsilon) = 15/80$$

得黄赤交角 ε 适应的天文年代为距今 2700 年,约当春秋中期。可见《周礼》古法夏至晷长"尺五寸"是比较可靠的。

《汉书·律历志》载汉武帝时"议造《汉历》,乃定东西,立晷仪,下漏刻,以追二十八宿相距于四方,举终以定朔晦分至,躔离弦望。"《史记·历书》载"至今上即位,招致方士唐都分其天部,而巴落下闳运算转历",《集解》引"姚氏案:《益部耆旧传》云'闳字长公,明晓天文,隐于落下,武帝征待诏太史,于地中转浑天,改颛顼历作太初历。'"落下闳转动浑天仪观测天象的"地中",即《周礼》所谓"日至之景尺有五寸,谓之地中"的所在,就是"禹都阳城"[1]。落下闳既在此"转浑天",也一定在此"立晷仪,下漏刻",进

---

[1]　关增建:《中国天文学史上的地中概念》,《自然科学史研究》,2000年第19卷第3期。

行了晷影测量。不过他也许没有对每一节气逐一进行实测，而是根据古老方法选用一个公差、构建一个等差数列来得到各气晷长，因此其见于记录的春秋分晷长只能是其二至晷长作线性内插的结果。为了适应数学处理的形式需要，可能要对二至实测数据进行适当的微调，由于晷影观测的影端比较模糊，作这样的微调并不困难。因此落下闳取夏至晷长"尺五寸八分"而舍弃《周礼》的"尺有五寸"。这样的微调虽然是为了适应损益率"九寸六分六小分之二"所必须，但在二至晷长上却没有出现"小分"，即二至晷长的调整没有超过"小分"（"六小分之二"约等于 0.8 毫米）量级，因此对其天文年代的理论计算没有造成大的影响。

将二至晷长取整数、舍弃分值尾数是《周髀》和后汉《四分历》的理想追求。《周髀算经》的晷长数据普遍偏大，其成书年代一般认为在两汉之际 [1]，但其理论有可能形成于先秦。受到整数优先观念的支配，《周髀》为适应损益率"九寸九分六分分之一"，导致二至晷长与实际相差过大。《四分历》取两个整数"丈

---

[1]　钱宝琮:《盖天说源流考》,《科技史集刊》, 1985 年第 1 期。

三尺""尺五寸"作为极值，但没有进行线性内插，其二十四节气晷长数据表现为比较平滑的曲线（见图2），这可能是晷影长短根据昼夜漏刻、昏旦中星互求的结果。这样互求的方法为后代官方编历所普遍采用，它的出现无疑是历法理论与方法上的重大进步，但在二至晷长数据的取舍上，如上所论《四分历》不如"太初历"符合实际，落下遗憾。

《易纬》的冬至晷长近于《太初历》，夏至晷长近于《周礼》。二至晷长取整数是《周髀》和《四分历》的理想模式，但都有害于实测数据。《易纬》夏至晷长"一尺四寸八分"，比《周髀》《太初历》更接近《周礼》土圭"尺五寸"，但《易纬》整套数据显然不是把"尺五寸"作为一个极植点而推排出来的，而是把冬至晷长"丈三尺"作为起算点，按损益率"九寸六分"递减十二次推排出来的，故终点不得不舍弃"尺五寸"。

《易纬》和《四分历》都采用了冬至晷长"丈三尺"这个理想数据，那么究竟是何者首先采用这一数据呢？"丈三尺"这一数据不见于更古的记载，《周礼》只载土圭"尺五寸"，并未记载冬至晷长。《易纬》晷长数据继承《周髀》《太初历》的等差数列构建法，比

《四分历》显得原始，因此就其数学处理方式而言，《易纬》数据必在后汉《四分历》以前。再从时代先后来看，纬书兴盛于西汉末年至东汉初期，《易纬·通卦验》的文本应出现在太初改历以后；而后汉《四分历》由编訢、李梵创制，东汉章帝元和二年（公元85年）正式颁布实行，此时《通卦验》文本可能已经流行，因此《易纬》数据的出现应在后汉《四分历》以前。也就是说《四分历》可能受到《易纬》的影响，采用了冬至晷长"丈三尺"这个理想数据。

《周礼》土圭制度的冬至晷长有两种可能。一种可能如《易纬》所载为"丈三尺"。纬书《尚书·考灵曜》载冬、夏至晷长分别为"丈三尺""尺五寸"，与后汉《四分历》同，但不清楚《尚书·考灵曜》其他晷长是否如《四分历》那样呈曲线关系。如果《考灵曜》晷长按等差数列法构建，应当按土圭"尺五寸"取损益率"九寸五分六小分之三"（或"九寸五分半"）累加十二次，即可得冬至晷长"丈三尺"。另一种可能如《周髀算经》所载冬至晷长为"丈三尺五寸"：按土圭"尺五寸"取损益率"十寸"累加十二次，得冬至晷长"一丈三尺五寸"；且其春秋分晷长正好位于二至晷长较差值的正中点。从损益率的简洁性等来看，后者更有可能。

但《易纬》从《太初历》得到启发：冬至晷长"一丈三尺五寸"距离实际相差太远，因而改用"丈三尺"这个比较接近实际的理想数据，作为冬至晷长。之所以没有选取土圭"尺五寸"作为等差数列的起算点，是因为要兼顾损益率的简洁性。因为如果从"尺五寸"起算须采用含有小分（"九寸五分半"）的损益率累加十二次才能得到冬至晷长"丈三尺"。《易纬》反其道而行之，从"丈三尺"起而构建等差数列，采用"九寸六分"这个比较简洁的损益率（"六"和"九"分别为"少阳"和"老阳"），从而不得不舍弃夏至晷长"尺五寸"。

从以上分析可以看出，《易纬》数据实际上是吸取《周髀算经》损益率简洁化、《太初历》比较符合实际等两大优点，用等差数列方法构建而成的晷长系列，它可能是中国天文学史上等差数列晷影数据的最后一个版本。

《四分历》由于不再采用等差数列构建晷长数据，没有适应同一损益率的机械要求，因而能够同时兼容

"丈三尺""尺五寸"这两个古老而又简洁的理想数据。在这一过程中,《易纬》对《四分历》的影响不容忽视。

四、结语

如果历法合天、二十四节气晷影数据都建立在实测基础之上,那么从理论上讲,当历法交于某节气之时,晷影长度应是与节气相符合的,不存在"不应验"的问题。正因为《易纬》等晷长数据不是实测的结果,而是通过等差数列粗略地构造出来的,而且当时历法用平气注历本身含有不合天的因素,因此晷影数据与节气不应验的现象普遍存在,从而给卦气占验的数术提供了合理的存在空间。《易纬·通卦验》于是应运而生。

晷长数据相比于所谓的"八卦之气""八风"以及《通卦验》罗列的大量物候而言,是一个具有较强可操作性的定量标准。《易纬·通卦验》列出这样的定量标准,不能不说是一种科学认真的态度。《易纬》的晷影数据虽然是为占候灾异服务的,具有封建迷信的成分，但它反映了当时一定的科学认知水平，是为研究中国古代天文学史、文化史的重要史料，值得我们珍视。

（原载于《周易研究》2007年第3期，第89—94页）

《大衍历》日躔表的数学结构及其内插法

摘要 《大衍历》日躔表是一份四次差分相等的数表，反映一行对太阳运动复杂性的深刻认识。一行调整插值引数为不等间距型，并认为具有降阶作用，因而能够采用二次函数完成四次差分表的插值计算。但一行对插值间距只利用差分方程作了第一次逼近，没有进行迭代计算，从而影响了计算精度。

关键词 《大衍历》日躔表 差分方程 迭代法

《旧唐书》和《新唐书》的《历志》载有僧一行主持编撰的《大衍历》。一行等在天文仪器制造、天文观测和大地测量、天文数据处理以及历法体系的构建、对日月五星运动的认识和计算等方面，都大大超越前人，创造了天文历法史上一个新的高峰。一行在计算方法上的创新，可能基于其新的理论认识高度，例如笔者发现《大衍历》的日躔表实际上是一份四次差分相等的数表，反映一行对太阳运动复杂性的认识比刘焯更加深刻。为了能用二次函数进行四次差分表的内插计算，一行发明了"不等间距二次内插法"。本文拟对一行日躔表的数学结构、所表现的物理图像及其在计算方法上的先进意义等作初步探讨，以争鸣其声，就正有道。

一、四次差分相等的差分表

在《大衍历》第三部分"步日躔术"中载有《日躔表》，是一份未列时间引数（"定气辰数"）的差分表，表1按术文给出的计算公式补足"定气辰数"（每日12辰）[1]，使其成为完整的插值表。

----

[1] 李俨:《中算家的内插法研究》，科学出版社，1957年，第46页。

表1 《大衍历》日躔表

定气	辰数	盈缩分	先后数	损益率	朓朒积
冬至	173.3	2353	0	176	0
小寒	175.3	1845	2353	138	−176
大寒	177.1	1390	4198	104	−314
立春	178.8	976	5588	73	−418
雨水	180.3	588	6564	44	−491
惊蛰	181.8	214	7152	16	−535
春分	183.5	−214	7366	−16	−551
清明	184.9	−588	7152	−44	−535
谷雨	186.5	−976	6564	−73	−491
立夏	188.1	−1390	5588	−104	−418
小满	189.9	−1845	4198	−138	−314
芒种	191.9	−2353	2353	−176	−176
夏至	191.9	−2353	0	176	0
小暑	189.9	−1845	−2353	138	176
大暑	188.1	−1390	−4198	104	314
立秋	186.5	−976	−5588	73	418
处暑	184.9	−588	−6564	44	491
白露	183.5	−214	−7152	16	535
秋分	181.8	214	−7366	−16	551
寒露	180.3	588	−7152	−44	535
霜降	178.8	976	−6564	−73	491
立冬	177.1	1390	−5588	−104	418
小雪	175.3	1845	−4198	−138	314
大雪	173.3	2353	−2353	−176	176

（表中正数表示盈、先、朓，负号表示缩、损、朒，0 表示先、后端及朓、朒初）

为了得到定气的长度或太阳的实际位置，须对平气及日平行度进行不均匀性（"日躔盈缩"）的改正，即

定气＝平气 ± 先后数　　　　（先减后加）

太阳实行度＝平行度 ± 先后数/日法 （先加后减）

"先后数"又叫作"日躔差"，或称"盈缩积"。进行内插计算求相邻两气中间的任意日躔差值时，要用到"定气辰数"与"盈缩分"，定气辰数计算的具体方法详见下文。在定气计算中主要依赖原表中列出的"盈缩分"和"先后数"两栏数据，然而这两栏数据并非日躔表中最基本的数据。

《大衍历议·日躔盈缩略例》曰"北齐张子信积候日蚀加时，觉日行有入气差，然损益未得其正"；又《合朔议》曰"新历本《春秋》日蚀、古史交会加时及史官候簿所详，稽其进退之中，以立常率；然后以日躔、月离、先后、屈伸之变，皆损益之。"由此可见"损益"是否"得其正"是修正日躔、月离等值的关键。据此我认为日躔表中的基本数据为"损益率"，其他数据皆由"损益率"推算而来，如"盈缩分"由"损益率"乘

以月的日平行度（13.36875 度）得到[1]；"先后数"由"盈缩分"累加（减）得到；"朓朒积"由"损益率"累加（减）得到。

我们检视《大衍历》日躔表中用于定朔计算的"损益率"数据，易知其损益率数以二至二分为轴呈四分之一对称排列，当我们验算自冬至到春分以前的四分之一数据时，惊奇地发现它们构成一个整齐而又漂亮的差分表：损益率的四次差等于零；三次差（绝对值）恒等于 1；二次差由 1、2、3、4 四个自然数构成等差数列。而朓朒积是损益率的积分，故其四次差相等、五次差为零（见表 2）。

表 2 《大衍历》定朔计算差分表

朓朒积	一次差 损益率	二次差 （加速度）	三次差	四次差	五次差
0					
	176				
176		−38			
	138		4		
314		−34		−1	
	104		3		0
418		−31		−1	
	73		2		0

[1] 王应伟：《中国古历通解》，辽宁教育出版社，1998 年，第 206 页。

朓朒积	一次差 损益率	二次差 （加速度）	三次差	四次差	五次差
491		−29		−1	
	44		1		
535		−28			
	16				
551					

由"损益率"产生"盈缩分"的道理是显然的。盈缩分与先后数用于定气计算，损益率与朓朒积用于定朔计算，"损益率"与"盈缩分"之间的关系反映定朔与定气之间的关系。

定朔时分 = 平朔时分 ± 日行朓朒积 ± 月行朓朒积 （朓减朒加）

按理，如果我们严格地按照

盈缩分 = 损益率 × 13.36875

来构建盈缩分、先后数的差分表，就会发现盈缩分的三次差同为 13.36875、四次差为零，而先后数（日躔差）是盈缩分的积分，故其四次差相等、五次差为零（见表 3）。

表3 《大衍历》定气计算差分表及其复原

先后数	一次差 盈缩分	二次差 （加速度）	三次差	四次差	五次差
0					
	2352.9 （2353）				
2352.9 （2353）		508.0125 （508）			
	1844.888 （1845）		53.475 （53）		
4197.788 （4198）		454.5375 （455）	13.36875 （12）		
	1390.35 （1390）		40.10625 （41）		0 （−3）
5588.138 （5588）		414.4313 （414）		13.36875 （15）	
	975.9188 （976）		26.7375 （26）		0 （3）
6564.057 （6564）		387.6938 （388）		13.36875 （12）	
	588.225 （588）		13.36875 （14）		
7152.282 （7152）		374.325 （374）			
	213.9 （214）				
7366.182 （7366）					

［原表值为整数置于（　）中，复原值带小数］

严格按公式构建的盈缩分和先后数必然在整数分值的后面带有尾数，一行编制《日躔表》时将其尾数部分一律按四舍五入处理取整数，因误差传递而导致盈缩分的四次差、先后数的五次差不为零。因此《大衍历》的盈缩分表可以看作四次差分为零的近似数表，而先后数近似于五次差分为零。

二、《大衍历》日躔表的物理本质

比较隋刘焯《皇极历》的日躔差插值表（见表4），其差分呈四分之一对称排列，插值引数为平气辰数，先后数与朓朒积只取到二次差（三次差为零），故此被称为等间距二次差内插法。刘焯把盈缩分称为"躔衰"，把先后数称为"衰总"等（表4中用〔　　〕标明者），本文统一使用一行的损益率、盈缩分、先后数等概念。

表4 《皇极历》日躔表

衰总	一次差	二次差	三次差	迟速数	一次差	二次差	三次差
［先后数］	躔衰 ［盈缩分］	（加速度）		［朓朒积］	陟降率 ［损益率］	（加速度）	
0				0			
	28				50		
28		−4		50		−7	
	24		0		43		0
52		−4		93		−7	
	20				36		
72				129			
	20				36		
92		4		165		7	
	24		0		43		0
116		4		208		7	
	28				50		
144				258			

　　损益率及盈缩分反映的是太阳视运动的速度问题。我们先来分析简单的情况，即刘焯等间距二次差内插法（三次差分为零）的情况。以盈缩分为例：盈缩分（Δ）是每气内的太阳实行分与平行分之差，盈缩分的积分即是先后数（ΣΔ）；以 H 表示一个平气内太阳的平行分，那么自起点冬至到第 1 气末、第 2 气

末……第 n 气末太阳的实行分为

$S_1 = H + \Delta_1$

$S_2 = 2H + \Delta_1 + \Delta_2$

……

$Sn = nH + \Delta_1 + \Delta_2 + \cdots\cdots + \Delta_n$

故以冬至为起点，表示太阳运行的实际距离为

实行分（Sn）= 平行分（nH）+ 先后数（$\sum\limits_{i=1}^{n} \Delta_i$）

又，表示第 1 气内、第 2 气内……第 n 气内太阳的实行分为

$S_I = S_1 = H + \Delta_1$

$S_{II} = S_2 - S_1 = H + \Delta_2$

……

$S_N = S_n - S_{n-1} = H + \Delta_n$

考虑到每气的时间间隔相等，可令其为 1 个时间单位，则 S_I、S_{II}……S_N 分别表示本气内的日行平均速度。

显然如果两气盈缩分 Δ 值相等，则两者速度相等；反之如果盈缩分不等，表示速度不等，则可能存在加速度（或减速度）。也就是说盈缩分的状况可以代表太阳视运动速度的状况，例如每相邻两气的速度之差（加速度或减速度）可以直接表示为盈缩分

之差

$$S_I - S_{II} = \Delta_1 - \Delta_2$$

$$S_{II} - S_{III} = \Delta_2 - \Delta_3$$

……

$$S_{N-1} - S_N = \Delta_{n-1} - \Delta_n$$

此即盈缩分的一次差、先后数的二次差。由于《皇极历》设计先后数的三次差为零，故其二次差（加速度）相等，一次差（代表速度）成等差数列，即盈缩分本身 Δ_1、Δ_2、……Δ_n 为等差级数。

简言之，我们可以用先后数的一次差——盈缩分，代表所描述的太阳运动速度的状况；第二次差表示加速度（或减速度）的状况。先后数的一次差（速度）成等差级数，二次差（加速度）相等，表示位移变化的匀加速或匀减速运动。

同理可知，损益率（刘焯称"陟降率"）表示朓朒积（刘焯称"迟速数"）的变化速度，损益率之差是其加（减）速度，且加（减）速度相等，表示时间变化的匀加速或匀减速运动。因此刘焯创立的等间距二次差内插法（三次差分为零）反映的是天体运行在某区间

内的匀变速运动 [1]。

以上是等间距二次差内插法所使用的、三次差分为零的插值表所表示的物理本质。再看一行的《日躔表》，所列先后数的五次差为零，四次差相等，三次差呈等差级数，二次差（加速度）呈二阶等差级数，……故一行描述的运动状态是加（减）速度呈二阶等差级数变化的变加（减）速运动。

综上所述，为推步气朔而构建的日躔表中，"损益率"与"盈缩分"分别是"朓朒积"与"先后数"（日躔差）的一次差，代表速度的状况；二次差表示加（减）速度的状况。因此，构建不同的插值差分表反映的物理意义不同：一次差相等反映匀速运动，二次差相等反映匀加（减）速运动（如刘焯《皇极历》），三次差相等反映加（减）速度呈等差级数变化的变速运动（如郭守敬《授时历》），四次差相等反映加（减）速度呈二阶等差级数变化的变速运动（如一行《大衍历》）。

对高次差分表的插值计算，一行以及后来的郭守

---

[1] ①刘钝：《〈皇极历〉中等间距二次插值方法术文释义及其物理意义》，《自然科学史研究》1994年第4期；②王荣彬：《刘焯〈皇极历〉插值法的构建原理》，《自然科学史研究》，1994年第4期；③刘钝：《等差级数与插值法》，《自然科学史研究》1995年第4期。

敬都采用将函数降次的办法，用低次插值函数来解决高次差分表的计算问题。如王恂、郭守敬虽然列出三次差内插函数，但最终将问题调整降阶成二次形式，再套用刘焯的等间距二次内插公式来求解。一行则通过调整插值间距为不等间距的方式来降阶，试图用二次函数来解决问题。他们虽然通过不同方式来将插值函数降次，但并不改变问题的物理本质。

人们根据差分表引数的间距是否相等以及插值函数的阶次，将内插法分为等间距及不等间距某次内插法，郭守敬算法叫作等间距三次差内插法，一行算法被称为不等间距二次差内插法。引数间距是否相等以及插值函数的阶次，只是数学表现形式的不同，并不反映运动的物理本质，等间距及不等间距内插法都能反映太阳视运动不均匀性的现象。本质差别在于差分表的次数，差分表在某次差分相等反映某种运动性质。

一行那个时代可能并没有加速度的概念，更谈不上匀加速度与变加速度的区别，但日躔表在客观实际上却可以反映出某种物理学上的意义，这种意义在我们今天看来不难理解，但并不一定是一行等古人心目中所达到的认识。虽然如此，我们至少可以说，一行对太阳视运动复杂性的认识，比刘焯更加深刻。

三、降阶计算

一行的不等间距内插公式可由刘焯的等间距内插公式推导出来。刘焯的插值公式为

$$f(n+t) = f(n) + \frac{t}{2L}(\Delta_1 + \Delta_2) + \frac{t}{L}(\Delta_1 - \Delta_2) - \frac{t^2}{2L^2}$$

$$(\Delta_1 - \Delta_2) \tag{1}$$

一行的插值公式为

$$f(n+t) = f(n) + t\left(\frac{\Delta_1 + \Delta_2}{L_1 + L_2}\right) + t\left(\frac{\Delta_1}{L_1} - \frac{\Delta_2}{L_2}\right) - \frac{t^2}{L_1 + L_2}$$

$$\left(\frac{\Delta_1}{L_1} - \frac{\Delta_2}{L_2}\right) \tag{2}$$

式中 $f(n)$ 表示表列值中某气的先后数，t 表示所求日入某气的日数，Δ_1、Δ_2 分别是本气与下一气的盈缩分，此四者上（1）、（2）两式均相同；所不同者（1）式的 L 表示每气的平均长度（刘焯设定秋分后至春分前约 14.55 日、春分后至秋分前约 15.45 日），而（2）式的 L_1、L_2 则表示定气长度。令 $L_1 = L_2 = L$，则（2）式

化为（1）式。（1）、（2）式可化简为

$$f(n+t) = f(n) + \Delta,$$
$$\Delta = f(t)$$

简言之，问题归结为某入气日的盈缩分 Δ，是时间 t 的二次函数。而太阳运行的距离包含盈缩分的积分，故是时间 t 的三次函数；速度等于盈缩分加平行分除以时间 t，因而是时间的一次函数。也就是说，从插值公式的数学形式而言，速度是时间的一次函数则位移是时间的二次函数表示有相同的加速度（或减速度），一行公式等效于匀变速运动，因此不能反映一行对运动本质的认识。之所以出现上述情况，是因为一行的差分表是高次的，其插值节点可拟合为四次曲线，而节点之间的插值函数则为二次曲线，后者是对前者的逼近。这样整个太阳视运动的轨迹由若干段不连续的二次曲线组成，或可称为"分段抛物"的 [1]。

《皇极历》日躔差（先后数）的二次差分相等，对应于二次函数插值公式（盈缩分 Δ 是时间 t 的二次函数）；《大衍历》日躔差（先后数）的四次差分相等，按

---

[1] 曲安京：《中国历法与数学》，科学出版社，2005 年。

理应当使用盈缩分对时间的四次函数来构建插值公式，一行为何仍然使用二次函数呢？这可能是由于一行认为只须将平气推广到定气，刘焯公式即可适用于高次差内插法。从《大衍历》对公式的文字描述和使用的概念名称来看，道理似乎是显然的：首先求前后两气中间盈缩分的平均值，为前气的"末率"[$t(\Delta_1 + \Delta_2)/(L_1 + L_2)$]；再加减"气差"[$t(\Delta_1/L_1 - \Delta_2/L_2)$]为"初末率"（即至以后加"气差"为后气"末率"，分以后减"气差"为前气"初率"）；再以"日差"[$2t^2(\Delta_1/L_1 - \Delta_2/L_2)/(L_1 + L_2)$]的一半加减"初末率"为"气初定率"；最后以"日差"加减"定率"（至以后减、分以后加）为所求日的盈缩分。从以上一行使用"初率""末率""定率""气差""日差"等概念进行的算法描述来看，具有一定的推理色彩，使公式具有某种内在必然性。

一行之所以用二次函数计算高次差内插问题，是因为他认为调整插值间隔为不等间距型，可以起到降阶的作用。即将时间引数（定气辰数）与插值节点的一次差分（盈缩分）之间的关系调整为线性关系，可以起到降阶二次的作用。一行的定气辰数计算公式，

因辰法为 12（每日 12 辰），表示为

$$定气辰数 = （平气日数 \pm \frac{盈缩分}{日法}）\times 12 \quad （盈减缩加）$$

此实为联系未知函数的差分（盈缩分）与自变量（辰数）的差分方程。虽然差分方程表现为一次函数，但按表 3 复原的盈缩分数据表明，盈缩分本身的三次差相等；当其成为定气辰数的唯一变量因子时，则定气辰数也具有了三次差相等的差分性质。二者都是时间的函数，同时被引入差分方程，故时间因子被约去，等于将两个三次函数之间的关系表示为一次函数关系式，相当于降阶二次，因而最终能用二次函数完成四次差分表的插值计算。一行认为引数与插值节点具有相适应的差分性质才是重要的，而插值公式并不重要。下面试改变引数（1 气的辰数）的差分性质，分析其降阶作用。

首先，假设引数为等间距的情况，也就是在平气的情况下，只有一个平气辰数（三元之策 =15.22 日 =182.6 辰）对应所有的盈缩分，即辰数的一次差分为零。如果以盈缩分为横坐标，每气辰数为纵坐标，则辰数与盈缩分的关系表现为一条横直线（见图 1）。这样的情况适用于刘焯《皇极历》，用于日躔差的二次差

分相等的插值函数计算。

其次，假定引数为不等间距但引数之间的增量相等，即辰数的一次差为等差级数、二次差相等，如以《大衍历》冬至至小寒之间的增量为准，将定气辰数依次假定为 173.5、175.5、177.5、179.5、181.5、183.5 等构成等差级数，每气增 2 辰，为了叙述方便我们姑且称之为"假定气辰数"（见表 5）。再将其与表列冬至、小寒……等盈缩分相对应，得到假定气辰数与盈缩分的关系表现为曲线（图 1 中的虚线）。辰数遵此曲线变化以表示定气长短的变化，从而能够反映太阳视运动的不均匀性。这样辰数与盈缩分的关系是二次函数关系。

再次，设定引数为不等间距且引数之间的增量不等，即定气辰数的三次差相等。一行的做法是通过一个差分方程径直将辰数与盈缩分关系表为一次函数，如图 1 所示辰数与盈缩分关系表现为一条直线，该直线具有一定斜率，辰数遵此斜率变化以表示定气长短的变化，从而反映太阳视运动的不均匀性。又因盈缩分的三次差分相等，通过此线性变换从而使辰数也具有相同的三次差分相等的性质。原本是三次差分相等的两个变量，通过一个差分方程表现为一次函数，因此在插值计算中具有降阶二次的作用。一行采取这一处理方式，不仅注重其在物理上的意义，更重要的是在数学上的意义，即他认为对插值间距的调整在高次插值计算中具有降阶作用。

表5　辰数与盈缩分关系表

关系型		斜直线	曲线	横直线
气名	盈缩分	定气	假定气	平气
冬至	2353	173.3	173.3	182.6
小寒	1845	175.3	175.3	182.6
大寒	1390	177.1	177.3	182.6
立春	976	178.8	179.3	182.6
雨水	588	180.3	181.3	182.6
惊蛰	214	181.8	183.3	182.6

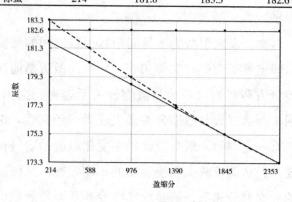

图 1　辰数—盈缩分关系图

综上所述，一行的定气计算相比于刘焯的平气计算，辰数与盈缩分的关系经历了由横直线到曲线、再由曲线到斜直线的逻辑演变过程。这两个过程代表了两次降阶作用：

第一次降阶：由横直线到曲线。把图1中斜曲的虚线看作直线，那么横直线就相当于一条曲线；由横直线到曲线等效于由曲线降次为直线。

第二次降阶：由曲线到斜直线，显然完成一次降阶。

一行可能由于认识到调整插值引数为不等间距具有上述降阶作用，故将日躔差（先后数）设计为四次差分相等的高阶等差数列，从而能够采用刘焯的二次函数来完成四次差分表的插值计算。其算法的实质是在较短的区间内，用抛物线逼近四次函数曲线。

四、一行算法的缺陷

《大衍历》日躔表数据作了明显的数学处理，主要表现在两个方面：一方面是数据以二至或二分为轴，呈对称排列，而实际上近日点和远日点并不与二至重合（当时的冬至点与近日点相差约 9°），这些数据不可能以分至为轴而对称；另一方面是整个表的核心部分"损益率"被构建成三阶等差数列，其二次差由 1、2、3、4 组成。出于这两种数学形式上的需要，表列数据对实测数据进行了调整和删改。

实测数据中最重要的是日躔差（即先后数、盈缩积）的最大值，称之为"盈缩大分"。根据现代天文学知识，已知日躔差是真近点角（V）与平近点角（M）之差，两者有如下关系[1]：

$$V=M+2e \sin M+\frac{5}{4} e^2 \sin 2M$$

当 $M = 90°$ 时，日躔差有最大值，且

$$V-M = 2e$$

式中 e 为黄道偏心率，是随时间变化的量，有公式[2]

$$e=0.01670862-0.00004204T-0.000000124 T^2$$

依此式可以算得《大衍历》制定年代（公元728年）

[1] 〔法〕A. 丹容：《球面天文学和天体力学引论》，李珩译，科学出版社，1980年，第 196 页。

[2] 中国科学院紫金山天文台：《2000 中国天文年历》，科学出版社，1998年，第 503 页。

的盈缩大分理论值 2*e*=118′.27=1° 58′.27（化为角分时需乘 3437′.747）[1]。《大衍历》取冬至近点角为 0，当 M=90° 时为春分，其盈缩大分为

7366/3040=2.423 度 =2° 23′.29

此值偏大而与古希腊依巴谷所测日行盈缩大分 2° 23′ 极为接近，因而学者推测一行或有可能受到依巴谷值的影响[2]。笔者认为除应考虑观测仪器及操作本身的误差以外，损益率的理想化可能是导致盈缩大分偏大的重要原因。

一行算法在理论上的缺陷是，把定气辰数当作盈缩分的函数而没有顾及盈缩分也是定气辰数的函数。事实上两者互为函数，它们的关系式应当看作一个隐函数。而一行在未知定气辰数之先，已将盈缩分表列出来，显然此盈缩分（Δ_0）不是定气辰数的函数而是相应平气（L_0）的对应值。按差分方程计算出来的定气辰数（L_1）是其真值的第一次逼近，它对应于另外的

---

[1] 陈美东:《古历新探·日躔表之研究》，辽宁教育出版社，1995 年，第 325 页。

[2] 陈美东:《中国科学技术史·天文学卷》，科学出版社，1980 年，第 379 页。

盈缩分新值（Δ_1），并可建立如下比例关系：

$$L_0 : \Delta_0 = L_1 : \Delta_1$$

已知平气辰数 $L_0 = 365.25/24 = 182.625$，依上式算得 Δ_1 后，代入定气辰数公式

$$L_2 = L_0 \pm (\Delta_1/3040) \times 12$$

计算得到新的定气辰数 L_2，再代入比例关系式计算 Δ_2，如此迭代计算足够次，可以使结果达到所要求的精度。

兹以表列冬至盈缩分 $\Delta_0 = 2353$ 为例，迭代计算如下

第一次逼近：$L_1 = L_0 - (\Delta_0/3040) \times 12 = 173.3$，$\Delta_1 = L_1 \times \Delta_0/L_0 = 2233$

第二次逼近：$L_2 = L_0 - (\Delta_1/3040) \times 12 = 173.8$，$\Delta_2 = L_2 \times \Delta_1/L_1 = 2239$

第三次逼近：$L_3 = L_0 - (\Delta_2/3040) \times 12 = 173.8$，$\Delta_3 = L_3 \times \Delta_2/L_2 = 2239$

照此迭代计算可得到自冬至到春分以前各气的定气辰数逼近值为 173.3、175.3、177.1、178.8、180.3、181.8 等；盈缩分逼近值依次为 2239、1774、1349、956、581、213 等，先后数最大值为春分新值 7112，

盈缩大分新值为

$$7112/3040=2.339 度 =2° 18'.35$$

　　容易看出春分先后数新值 7112 与原表惊蛰先后数 7152 十分接近，这说明真正的最大值不在春分而在惊蛰气内。由于当时近地点在冬至点前 9°，因此先后数最大值在惊蛰气内是显然的。一行有可能在惊蛰气内测得比较符合实际的日躔差最大值，陈美东先生称之为"隐含的 $2e''$ 值" [1]，春分最大值则可能是虚加上去的。此外，一行如果进行迭代计算得到最大值为 7112，他很可能会得出近地点不在冬至点的新认识。遗憾的是一行只作了第一次逼近，没有进行迭代计算，因此他没有得到足够精度的定气辰数，也没有得到定气所对应的盈缩分新值。陈美东先生验算《大衍历》日躔表任一时日日躔差的绝对值平均误差达 26.2′，略逊于《皇极历》(平均误差 25.2′) [2]，这可能与一行的盈缩大分偏大及其在算法理论上的缺陷有关。

---

[1]　陈美东:《古历新探·日躔表之研究》，辽宁教育出版社，1995 年，第 329 页。

[2]　陈美东:《古历新探·日躔表之研究》，辽宁教育出版社，1995 年，第 323、324、327 页。陈美东:《中国科学技术史·天文学卷》，科学出版社，1980 年，第 379 页。

五、余论

一行所处的时代尚未发明高次函数，对于构建的四次差分相等的差分表，也只能降次用二次函数进行插值计算。一行降次计算的前提是调整插值距离为不等间距型，调整插值间距的方法是利用差分方程对作为引数的定气辰数进行逼近。《大衍历》日躔表中盈缩分的三次差相等，表明在等步长下盈缩分本身构成三次曲线；根据术文公式计算得到的定气辰数，其差分表近似于三次差相等，表明引数本身在等步长下也构成三次曲线；而两者通过差分方程构成线形关系，在一行看来等效于将插值函数降二次。通过这种途径，一行把复杂问题简单化，从而用二次函数来进行四次差分表的内插计算。其结果是，插值节点值本应落在四次曲线上，而内插函数值却落在二次曲线上。因此一行的"不等间距二次内插法"，实质上是在分段的较短区间内，用抛物函数逼近高次函数。

一行实际发明两种新型的内插法，来解决日月五星视运动的复杂性问题：一是对太阳视运动采取不等间距二次差内插法进行计算；二是对月亮、五星运动则采用等间距三次差内插法进行处理。他在"步交会术"《阴阳历》表中把"月去黄道度"、在"步五星术"《五星交象历》表中把五星"进退积"等均构建为三次差插值表，用以计算月亮极黄纬和五星中心差的改正值[1]。一行虽然深化了运动的本质，但却只发明了等间距三次内插法的近似算法[2]，这一问题最终由王恂、郭守敬创立平立定三次"招差术"解决。一行对天体视运动复杂性的认识是一贯的、革命性的，彻底否定了刘焯的运动体系，其思想的深刻性并未被当时及后来的天文历算家充分理解，以至于不等间距内插法未能在后来的天算实践中得到发展，仅在晚唐徐昂的《宣明历》中作了简化之外，后代天算家都弃而不用。

实际上一行的不等间距内插算法具有很好的发展前景，他已经进行了定气辰数的第一次逼近，只须提出一个简单的比例关系式就可以进行迭代计算，完成

---

[1] 严敦杰：《中国古代数理天文学的特点》，《科技史文集》第 1 辑，上海科学技术出版社，1978 年。

[2] 陈美东：《一行》，《中国科学技术史·人物卷》，科学出版社，1998 年，第 292 页。

定气辰数及其对应盈缩分的第二次、第三次逼近等。可惜一行的算法没有得到很好的发展，迭代算法最终没有能够在中国古代产生，后来的天文学家如王恂、郭守敬等，纷纷吸纳数学家们发明的高次函数法、"招差术"等以解决历法中的计算问题，走上了另外的发展道路。

The Mathematical Structure of the Solar Equation Table in the Dayan Calendar and Its Method for Interpolation

WU Jiabi

(College of Humanities, Donghua University, Shanghai 200051)

Abstract : The solar equation table of the *Dayan Calendar* is a mathematical table of equally quartic difference, and it reflects Yi-xing's profound understanding about the solar motion. Yi-xing adjusts the spacing of interpolation to unequal spacing and considers that it serves a reduced-order function, thus he can use the quadratic function to achieve the calculations of the quartic interpolation table. But Yi-xing only adopts the difference equation to approach an approximate computation and fails to complete the second and the third iterative computation ; therefore, its precision of the computation subjects to inaccuracy.

Key words : *Dayan Calendar* solar equation table difference equation iterative method

（原载于《自然科学史研究》，2008 年第 1 期，第 28—38 页 ）

边冈"相减相乘"法源于一行考

摘要 晚唐边冈总结的"相减相乘"法，是中国古代历法计算中的重要方法，以往人们不清楚它的来源，实际上它由僧一行《大衍历》中的黄赤道差计算公式推广而来，源自中国传统算法。它对历法中极值问题的计算，类似"等周问题"中的简单命题"等周长矩形的面积以正方形最大"。

关键词 边冈 历法 日躔 极值 等周问题

晚唐天算家边冈主导制定的《崇玄历》，自景福二年（公元 893 年）颁行全国，至残唐五代，前后施行约六十年。在《崇玄历》中边冈总结和创造出一系列二次和高次函数计算法，取代传统的数值表格加内插法的经验数学模式，完成了我国古代历法中数学方法的一次重大变革。其简捷算法 "相减相乘" 法的总结提出，影响尤巨。明张岱著《夜航船》是一部百科全书式的著作，自称 "余所记载皆眼前极肤浅之事"，士人学子有所不知将遗人笑柄，其中就有 "边冈《崇玄历》，始立相减相乘法" 之说。清阮元的《畴人传》亦谓边冈 "立先相减后相乘之法"。因此 "相减相乘" 法，成为边冈简捷算法的代名词。虽然边冈算法鼎鼎有名，但关于这一算法的立术原理及其来源，迄今还不甚清楚，本文试作探讨。

一、边冈的躔差公式

欧阳修《新唐书·历志》[1]：

> 昭宗时，《宣明历》施行已久，数亦渐差，诏太子少詹事边冈与司天少监胡秀林、均州司马王墀改治新历，然术一出于冈。冈用算巧，能驰骋反复于乘除间。由是简捷、超径、等接之术兴，

---

[1] 欧阳修：《新唐书·历志》，《历代天文历律等志汇编》（七），中华书局，1976 年，第 2351 页。

而经制、远大、衰序之法废矣。虽筹策便易，然皆冥于本原。

谓自边冈以后"简捷、超径、等接之术"取代传统的"经制、远大、衰序之法"，虽然新法计算简便，但当时人已然不知边冈算法的"本原"。据近些年来学者研究，边冈的"相减相乘"法可能源于曹士蒍《符天历》[1]。

中唐时期的术士曹士蒍撰民间小历《符天历》，在其日躔表之末提出一个"日躔差"（太阳中心差）算式，即太阳实行度（V）与平行度（M）之间的关系式[2]：

$$V-M = \frac{(182-M)\,M}{V} \qquad (1)$$

式中若 $M < 91$ 度，可直接代入上式计算；若 $M > 91$ 度，须减去 91 度再代入上式计算。此式表明，太

---

[1] 陈美东:《中国科学技术史·天文学卷》，科学出版社，2004 年，第 414 页。

[2] 〔日〕中山茂:《符天历の天文学史的位置》，《科学史研究》1964 年第 71 号。〔日〕薮内清:《关于唐曹士蒍的符天历》，柯士仁译，《科学史译丛》1983 年第 1 期。陈美东:《古历新探》，辽宁教育出版社，1995 年，第 332 页。

阳实行度（V）是其平行度（M）的二次函数。以往日躔表仅提供有限节点的日躔差数值，节点间的数值需通过内插法求得。上述关系式表明任一太阳位置V，可由一个二次函数$f(M)$求得，这意味着日躔表这类天文表格已无存在的必要。

边冈对这一公式进行高度概括，其躔差术曰：

视定积（M）如半交（181.8682）已下为在盈，已上去之为在缩。所得令半交度先相减、后相乘，三千四百三十五除，为度（V–M）。

据此列出下式[1]：

$$V-M=\frac{(181.8682-M)\ M}{3435} \qquad (2)$$

式中M的代入方式同（1）式。后人按边冈的总结把这一方法叫作"相减相乘"法。边冈还在黄赤道宿度变换、月亮极黄纬、定朔时刻和交食等历法问题的计算中，建立了相应的二次函数公式。

---

[1]　陈美东：《古历新探》，辽宁教育出版社，1995年，第346页。陈美东：《中国科学技术史・天文学卷》，科学出版社，2004年，第414页。

我们可从躔差公式入手来分析"相减相乘"法的立术原理。设"半交度"(交点月行度的一半,实即其半周长)为 a(边冈取 a=181.8682),除数为 k(边冈取 k=3435),令躔差的倍数 $y = k(V{-}M)$,则(2)式可表为

$$y=(a{-}M)M \qquad (3)$$

此即平行度与其半交余数之积,是一个单纯的"先相减、后相乘"式,因是日躔差的放大倍数,故此式可以反映日躔差的变化趋势。"半交度"可表示为两数之和:$(a{-}M)+M \equiv a$,该两数就是平行度(M)及其相对于"半交度"的余数($a{-}M$);而(3)式则为该两数之积,即平行度与其半交余数之积,可以看作矩形的面积。

日躔差有极值,因此躔差公式必须反映出求极值的观念。(3)式是一个二次函数式,可表示抛物线,有一极值在抛物线顶点。这种通过抛物函数求极值的思想源于西方数学,在中国古代数学中似未见踪迹。但"半交度"是固定不变的,把这一代数函数转化为几何图像,可表述为:周长相等时,矩形面积以正方形为最大,这是"等周问题"的一个特例。

极大值在边冈算法中具有明确的天文学含义，它与太阳中心差的最大值有关。现代天文学中真近点角（V）与平近点角（M）之差（日躔差）有如下关系[1]：

$$V-M=2e\sin M+\frac{5}{4}e^2\sin2M+\cdots\cdots \qquad （4）$$

式中 e 为轨道偏心率（用弧度表示），随年代而有微小变化，可用公式计算[2]。实际上轨道偏心率相当小，在满足裸眼观测精度的要求下，在一级近似里保留含偏心率的一次项，略去其二次项，就是古代希腊的中心差算式[3]：

$$V-M=2e\sin M \qquad （5）$$

此式极大值为 $2e$，表示太阳平行度为 90° 时中心差最大。古希腊托勒密将 $2e$ 值定为 143′（约合中国古度 2.42 度），也许是从喜帕卡斯（又译"伊巴谷"）

[1] 〔法〕A. 丹容:《球面天文学和天体力学引论》, 李珩译, 科学出版社, 1980 年，第 186 页。

[2] 〔法〕A. 丹容:《球面天文学和天体力学引论》, 李珩译, 科学出版社, 1980 年，第 477 页。

[3] 陈美东:《我国古代的中心差算式及其精度》,《自然科学史研究》1986 年第 4 期。陈美东:《古历新探》, 辽宁教育出版社, 1995 年, 第 342 页。

那里得来，哥白尼求得更确切的数值为 111′[1]。太阳中心差的极值在中国古代历法中受到高度重视，是"先后数"或"盈缩积"的最大分值，叫"盈缩大分"，实即轨道偏心率的两倍分值。把 $M = a/2 = 90.9341$ 度代入（2）式，算得《崇玄历》的盈缩大分为[2]：

$$(V{-}M)_{极大} = 2.407 \text{ 度}$$

中晚唐理论 $2e$ 值约为 2 度，边冈《崇玄历》的精度较曹士蒍《符天历》（2.509 度）为好，而与一行《大衍历》（2.423 度）相近[3]。

在《大衍历》（729 年颁行）的日躔表中，只有盈缩大分与实测天象有关，其他数据都是一行根据"驯积而变"的思想，用差分表构建出来的。边冈算法连差分表也不用了，代入任意平行度，立即可得实行度。

[1] 〔法〕A. 丹容：《球面天文学和天体力学引论》，李珩译，科学出版社，1980 年，第 62 页。

[2] 陈美东：《中国科学技术史·天文学卷》，科学出版社，2004 年，第 414 页。陈美东：《古历新探》，辽宁教育出版社，1995 年，第 346 页。

[3] 陈美东：《日躔表之研究》，《自然科学史研究》1984 年第 4 期。陈美东：《古历新探》，辽宁教育出版社，1995 年，第 314—315 页。陈美东：《中国科学技术史·天文学卷》，科学出版社，2004 年，第 363 页。

边冈公式形式上只须确定半周长（半交度）a 与系数 k 即可，但实际上系数 k 是由盈缩大分（$V-M$）$_{极大}$ 与半交度 a 决定的。即边冈公式可通过实测半交度与盈缩大分来拟定系数 k 而得到。系数 k 的天文学意义就是调节太阳与月亮视运动速度的比例关系，以使日躔数据适用于定朔计算。在测得交点月长度的情况下，盈缩大分便成为写出边冈公式的决定因素。因此边冈算法的基本问题是如何求得盈缩大分，即求躔差极大值的问题。验算表明边冈的盈缩大分，只是在一行的基础上略作调整而已，但边冈这种可求得极值的函数表达式，比极值本身要重要得多。

二、太阳中心差与速度的极值问题

古希腊数学中有一类求极值的问题称为"等周问题"，即求周长相等时面积最大的问题。相传在公元前 180 年左右，芝诺多罗斯（Zenodorus）写过一本有关等周图形的论著，惜已失传，然有若干命题被公元 4 世纪亚历山大里亚的学者帕波斯（Pappus）记载，得以保存[1]。其中证明了以下定理：（1）周长相等的 n 边形中，正 n 边形的面积最大；（2）周长相等的正多边形中，边数越多的正多边形面积越大；（3）圆的面积比同样周长的正多边形的面积大；（4）表面积相等的所有立体中，以球的体积为最大。我们不妨按以上表述，分别称之为第（1）、（2）、（3）、（4）类等周问题。这些问题的主题就是今天所谓极大极小问题[2]。1697 年雅各布·伯努利（Jacob Bernoulli）重提"等周问题"，引起变分法的发展[3]。

"等周问题"在西方数学史上有很好的传统，中国古代数学源自实用算术，早在汉代就形成《九章》系统，成为主流，似乎并不关心极值问题。然在天文历法的实践中，确实有计算极值的需要，如晷影（太阳高度）、漏刻（昼夜长短）、日月躔离（中心差）、黄赤道差等都会出现极大、极小值。早期关于晷漏与黄赤宿度变换的计算，一般参考实测数据取极值，按一定

[1] 杜瑞芝：《数学史辞典》，山东教育出版社，2000 年，第 707 页。

[2] 〔美〕M. 克莱因：《古今数学思想》（第 1 册），上海科学技术出版社，1979 年，第 141 页。

[3] 〔美〕M. 克莱因：《古今数学思想》（第 1 册），上海科学技术出版社，1979 年，第 325 页。

间距在极大、极小值间分出若干段，再通过线性内插得到每段内所求任意一点的数值。当发现日月运动并非匀速运动以后，传统的线性内插法已不能解决复杂的运动问题。东汉李梵、苏统发现月行有迟疾（《后汉书·律历志》），北齐张子信发现日行有盈缩（《隋书·天文志》），隋刘焯首次将太阳视运动的不均性引入历法，创立"等间距二次内插法"计算日月五星的运行速度（《隋书·律历志》），唐僧一行突破刘焯《皇极历》日行跳跃式变化的错误模式，提出"驯积而变"的思想，于是如何处理天体运动极值的问题便摆在天算家们的面前。

《新唐书·历志》载一行在《大衍历议·日躔盈缩略例》中论述：

> 凡阴阳往来，皆驯积而变。日南至，其行最急，急而渐损，至春分及中而后迟；迫日北至，其行最舒，而渐益之，以至秋分又及中，而后益急。

一行将冬至点等同于近日点，日行速度最快；将夏至点等同于远日点，日行速度最慢；春秋分日行速度居中。所谓"驯积而变"，就是运动速度"连续变化"的意思，包括速度逐渐增加的"累积"过程，速度逐渐减少的"累裁"过程，以及由"累积"到"累裁"、由"累裁"到"累积"的平滑过渡，强调整个过程不会出现间断和跳跃式的运动变化。为直接表现此种速度变化，《大衍历》日躔表中设有"盈缩分"一栏，使冬至有最大盈分，夏至有最大缩分，春秋分位于盈缩之间，以表现冬至日行最急、夏至日行最舒、春秋分日行居中的速度变化状况。将"盈缩分"累积起来称为"盈缩积"，是太阳实行度超过（盈）或者落后（缩）于平行度的差值，一行将此栏数据叫作"先后数"，此即太阳中心差，又叫日躔差。显然日躔表中包含两类极值问题："盈缩分"包含日行速度的极值问题，"先后数"包含太阳中心差的极值问题。

上述两类极值问题是直接相关的，某一时刻的"日躔差"是自起点以来经历的每一时段（插值间距）内"盈缩分"的总和。以冬至为起点，这时日躔差为零，太阳实行度在第一间距内以最快的速度增加，故盈缩分最大；以后增速依次减慢而日躔差累积增加，至春分（平行度 90°）时日躔差最大而增速停止；春分以后依次减速而日躔差逐渐降低，至夏至（平行度 180°）减速最大而日躔差降为零；自夏至到冬至的变化与上述情形完全对称。显然，在春秋分有日躔差（中心差）的极值，冬夏至有盈缩分（速度）的极值（见图 1）。

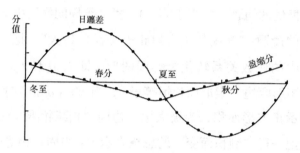

图 1 《大衍历》的日躔差与盈缩分

一行虽然在日躔计算中提出了极值问题，但却没有给出求日躔差极值的函数，而是构建出一份四次差分表，用不等间距内插法去计算未知点的实行度。为了造表的需要，一行不惜对实测盈缩大分的数据进行调整，给出一项理想极值[1]。曹士蒍给出躔差函数，同时还附有一份"日躔差立成"表以供内插使用。边冈则只给出求极值的函数，不再给出插值表。

[1] 武家璧:《〈大衍历〉日躔表的数学结构及其内插法》,《自然科学史研究》2008 年第 1 期。

在形式上，似乎看不出函数极值法与一行的表格内插法有相关联系，但事实上如果一行不提出运动速度连续变化的观念，也就不会产生通过连续函数求朏差极值的方法。在曹士蒍、边冈的公式中，求盈缩大分极值的问题，相当于第（1）类"等周问题"中最简单的命题："等周长矩形以正方形面积最大"。把（3）式中的代数关系转化为等周图形，即以 M 和（$a-M$）为矩形两边，矩形周长恒等于 a，当 $M=（a-M）$ 时，y 表示正方形面积，为极大值。边冈"相减相乘"法公式把一行"驯积而变"的思想表示为：当周长相等时，矩形面积依边长逐渐增损而连续变化；至边长相等时有极大值。

三、边冈算法"皆《大衍》之旧"

《新唐书·历志》评论边冈《崇玄历》与一行《大衍历》之间的关系云：

> 景福元年（892 年）历成，赐名《崇玄》。气朔、发敛、盈缩、朓朒、定朔弦望、九道月度、交会、

入蚀限去交前后，皆《大衍》之旧。余虽不同，亦殊涂而至者。

论者明确指出《崇玄历》与《大衍历》有渊源关系。这样的判断不是一般人能作出的，出自北宋著名历法家刘羲叟之手。《宋史·律历志》载"羲叟历学为宋第一，欧阳修、司马光辈皆遵用之。"《宋史·刘羲叟传》载"欧阳修使河东，荐其学术。……及修唐史，令专修《律历》《天文》《五行志》。"刘羲叟的判断应该是通过多方面的比较作出的，是专业性很强的权威论断；但他没有展开具体论述，一般读者还是"冥于本原"。我们根据刘羲叟对《崇玄历》的评论，到《大衍历》中找到了边冈公式的来源。

一行"凡阴阳往来皆驯积而变"的思想，是对变速运动连续性的深刻认识，对于太阳运动因之而有中心差与速度极值问题。虽然从直观上看日月五星视运动的位移原本是"连续变化"的，但认识到其速度也是"连续变化"的这一规律，大约是自一行以后。北齐张子信指出"日行春分后则迟，秋分后则速"，但具体情况如何"迟速"，语焉不详。刘焯首次将张子信的发现引入历法计算，然其速度却是间断跳跃式变化的。一行在《大衍历议·日躔盈缩略例》中批评刘焯《皇极历》曰："焯术于春分前一日最急，后一日最舒；秋分前一日最舒，后一日最急；舒急同于二至，而中间一日平行。其说非是。"因此一行以前，在对运动状态的描述中，尚不具备计算极值问题的迫切需要。

传统的晷漏与黄赤道差计算问题，与新产生的运动不均匀性问题，都属于"连续变化"求极值的问题，具有某种共性，这从黄赤道差计算方法与"相减相乘"式之间的关系上得到充分体现。黄赤道度变换在现代数学中是用球面三角函数计算的，中国古代没有球面三角，采用代数逼近方法作近似计算。当这种换算由表格内插法转为公式计算的时候，问题就变成寻找一个代数函数来求解极值的问题。一行正处在由表格法转为公式法的开创时期。针对这两类极值问题——运动不均匀性问题与球面变换问题，一行采取了不同的处理方式。日躔差反映太阳视运动的"渐损""渐益"等变速运动状态，一行采用差分表格及其内插法进行计算；对于黄赤道差、黄白道差等球面变换问题，一行在给出插值表的同时又采用“累裁”或“累积”算法直接进行计算。前者以表格算法为主，后者以公式算法为主，关键都是要解决“连续变化”过程中的极值问题。

黄赤道宿度的变换问题，最早在张衡《浑天仪注》中有描述，他在圆球上画出黄道和赤道，用等于半圆周长的细竹篾穿在天球两极，然后沿赤道移动，读取篾中线所截黄道度，再与对应的赤道度相减，即得到黄赤道差。其结论“每一气者黄道进退一度焉……三气一节，故四十六日而差令三度也。”给出黄赤道差极大值为 3 度。东汉末刘洪《乾象历》分别以 5、4、3 度等为限（区间），每限增损 1/4 度，极大值亦为 3 度，构成一份计算黄赤道差的不等间距一次差分表。至刘焯、一行改为等间距二次差分表，极值仍为 3 度。给出这一表格，就可以通过线性内插得到任一点的黄赤道度变换值。

一行在给出插值表的同时，还给出了一个黄赤道度的函数关系式。《大衍历议·九道议》曰：

黄道之差，始自春分、秋分，赤道所交前后

各五度为限。初，黄道增多赤道二十四分之十二，每限损一，极九限，数终于四，率赤道四十五度而黄道四十八度。

术文以文字表述方式给出差分表，此为前段（0度—45度）部分，可列表格如下：

表1

赤道度 限数 x	黄道度 f	黄赤道差 $f-x$	增损数 一差	增损率 二差
5	5.5	$\frac{12}{24}$	12/24	
10	10.9583	$\frac{23}{24}$	11/24	1/12
15	16.375	$1\frac{9}{24}$	10/24	1/12
20	21.75	$1\frac{18}{24}$	9/24	1/12
25	27.0833	$2\frac{2}{24}$	8/24	1/12
30	32.375	$2\frac{9}{24}$	7/24	1/12
35	37.625	$1\frac{15}{24}$	6/24	1/12
40	42.8333	$2\frac{20}{24}$	5/24	1/12
45	48	3	4/24	1/12

一行《大衍历·步日躔术》在重述此差分表之后，直接给出计算公式，其术文曰：

皆累裁之，以数乘限度（x），百二十而一，得度（$f-x$），……命曰黄赤道差数。

术文中的"限度"指赤道入限度（x），"累裁之数"可表示为[1]：

$$12- \frac{\frac{x}{5}-1}{2} = \frac{125-x}{10} \qquad (6)$$

故一行公式为：

$$f-x= \frac{x（125-x）/10}{120} \qquad (7)$$

（7）式中显然包含"相减相乘"式。因其术文中使用了"累裁"一词，不妨称一行的"黄赤道差"算法为"累裁"法。

另在《大衍历·步月离术》中，一行给出黄白道度变换公式云：

_____

[1] 王应伟：《中国古历通解》，辽宁教育出版社，1998年，第236页。

每五度为限，亦初数十二，每限减一，数终
于四……各累计其数，以乘限度，二百四十而一，
得度，……为月行与黄道差数。

类似地可写出公式

$$f-x=\frac{x\,(125-x)\,/10}{240} \qquad (8)$$

（8）式与（7）式实际相同，只是分母增大1倍而已。
因其术文中使用了"累计"一词，不妨称一行的"黄白
道差"算法为"累积"法。

试将一行的表格与公式互相验算：以赤道度（x）
代入（7）式，以求黄道度（f），得到结果与表格数据
完全相符。由此立刻可想到：任一赤道数据对应的黄
道度数都可以用此公式求出，不必借助内插法，插值
表实际上已无必要。这是从表格算法向公式算法过渡
的开端。

无论是表格算法还是公式算法，极值都是关键。
一行的黄赤道度变换表（见表1）显然是构建出来的
一份三次差分为零的理想表格，构建此表的基本依据

是黄赤道差的极大值为 3 度，即一行所谓"率：赤道四十五度而黄道四十八度"——两者相差 3 度。一行公式也是为适应这一极值建立起来的，其差分表中的所有节点值与公式计算的结果完全符合，而表中除了极大值 3 度以外，其他数据与实际测量没有直接关系，都是理论值。既已归纳出公式，仍然描述出数字表格，这是表格算法向公式算法过渡时期的特征。曹士蒍在给出躔差公式的同时附上立成表，与一行的做法相同，可能也是受一行影响所致。

一行的公式算法——黄赤道差"累裁"算法及黄白道道差"累积"算法，表明他最早创造了"相减相乘"式的代数逼近算法。边冈对一行黄赤道差计算公式中的"相减相乘"式是非常熟悉的，他自己的黄赤道差计算公式就用了两个"相减相乘"式前后相减 [1]，十分烦琐，不如他的日躔差公式简洁明快。这从另一方面印证了边冈算法来源于一行公式。

---

[1]　严敦杰:《中国古代的黄赤道差计算法》,《科学史集刊》1958 年第 1 辑。

四、"相减相乘"式源于中国传统算法

有学者从边冈公式与曹士蒍公式的相似性，判断边冈抄自曹士蒍。曹士蒍何许人？欧阳修《新五代史·司天考》载"（唐德宗）建中时（公元780—783年），术者曹士蒍始变古法，以显庆五年（公元660年）为上元，雨水为岁首，号《符天历》，然世谓之'小历'，只行于民间。"南宋王应鳞《困学纪闻》卷九载"唐曹士蒍《七曜符天历》，一云《合元万分历》，本天竺历法。"南宋晁公武《郡斋读书志》卷十三载《合元万分历》一卷"唐曹氏撰，未知其名，历元起唐高宗显庆五年庚申，盖民间小历也，本天竺历法。李献臣云。"陈久金先生指出"曹士蒍历法中有推算罗计二隐曜的方法，这证明符天历无疑是受到印度历法影响的。"[1]

比较而言，印度历法对唐代历法的影响是有限的，而一行《大衍历》对唐代及以后的历法都产生了深远影响。《大衍历》是唐代历法的顶峰，《新唐书·历志》

---

[1]　陈久金：《符天历研究》，《自然科学史研究》1986年第1期。

评论说"《大衍历》后，法制简易，合望密近，无能出其右者"[1]。中唐以后几部官历的主要部分大都仿自《大衍历》，如郭献之《五纪历》的"（日月）迟疾、交会及五星差数，以写《大衍》旧术"[2]；徐昂《宣明历》"其气朔、发敛、日躔、月离，皆因《大衍》旧术"[3]；边冈《崇玄历》的气朔、躔离、交食等，"皆《大衍》之旧"[4]。其中对日月五星视运动不均匀性的处理是历法计算的难点，上述诸历都没有超过一行。同样道理，我们可以推断，曹士蒍躔差公式的产生，与边冈等人的算法一样，也是"《大衍》旧术"影响的产物；与其说边冈抄自曹士蒍，不如说源自一行。

曹士蒍的《符天历》受印度历法影响明显，据传一行也曾受到《九执历》的影响，那么一行、曹士蒍是否先后受到印度历法的影响而创造了最早的"相减相乘"式

[1] 欧阳修：《新唐书·历志》，《历代天文历律等志汇编》（七），中华书局，1976年，第2324页。

[2] 欧阳修：《新唐书·历志》，《历代天文历律等志汇编》（七），中华书局，1976年，第2275页。

[3] 欧阳修：《新唐书·历志》，《历代天文历律等志汇编》（七），中华书局，1976年，第2319页。

[4] 欧阳修：《新唐书·历志》，《历代天文历律等志汇编》（七），中华书局，1976年，第2351页。

算法呢？答案是否定的。《新唐书·历志》载"善算瞿昙譔者，怨不得预改历事"，与历官陈玄景奏称"《大衍》写《九执历》，其术未尽"，"南宫说亦非之"，朝廷用《大衍》《九执》《麟德》三历在灵台与实际天象校验，结果《大衍历》优胜，于是"乃罪说等，而是否决"[1]。又载《九执历》者出于西域，开元六年诏太史瞿昙悉达译之……陈玄景等持以惑当时，谓一行写其术未尽，妄矣"[2]。此事在唐朝已有结论，今从两方面补证其事：

其一，躔差公式及日躔表中与实测密切相关的是躔差极值"盈缩大分"，唐代理论值为 1° 58′，《九执历》取 2° 14′，《大衍历》取 2.423 度（合今 2° 23′），曹士蒍公式算得 2.509 度（2° 28′），边冈公式算得 2.407 度（2° 22′）。《九执历》的这一数据比《大衍》诸历准确得多，但后者均未采用。《大衍历》为构造四次差分表的需要取了一个理想值，因而自成一系，与《九执历》毫无关系。而边冈的数据与《大衍历》密近，更加坐实《崇

---

[1] 欧阳修：《新唐书·历志》，《历代天文历律等志汇编》（七），中华书局，1976 年，第 2169 页。

[2] 欧阳修：《新唐书·历志》，《历代天文历律等志汇编》（七），中华书局，1976 年，第 2271 页。

玄历》日行盈缩"皆《大衍》之旧"的说法。

其二,《九执历》采用黄经计算太阳位置,以近地点(日行速度最快)为起算点,将平近点角90°分成间距相等的6段,用表格列出每段相当于中文"盈缩分"的分值,积分此值得相应段落的中心差,用线性内插法可得所求每段中的任一值,再由平黄经加中心差得真黄经。《九执历》对月亮位置的计算与计算太阳位置的原理相同。这种求日月中心差的方法属于典型的表格加内插法。日本薮内清教授研究《九执历》指出其插值节点上的中心差值近似地等于"$2e \sin M$"项[1],揭示了《九执历》表格所相当的天文学含义,但《九执历》术文本身并没有给出由平黄经求真黄经的函数关系式,也没有出现"相减相乘"式。《大衍历》构建的日躔表是不等间距的,插值法是一行独创的"不等间距二次内插法",无论是表格还是插值法都与《九执历》判然有别。因此,无论是一行还是曹士蒍,都不可能在中心差算法上受到《九执历》的影响。

---

[1] 〔日〕薮内清:《〈九执历〉研究》,张大卫译,《科学史译丛》1884年第4期。

　　既然没有外来影响，就一定能在中国传统算法中找到中心差算法的由来。我们认为曹士蔿、边冈先后受到一行黄赤道差计算公式的影响，将其简化并运用到朓差计算上，发明了"相减相乘"式简捷算法。陈美东先生曾经明确指出："所谓'先相减后相乘法'，其实它是等间距二次内插法的一种表达形式"[1]。一行的日躔表是不等间距的，不能产生"相减相乘"式，但他的黄赤道度变换表是等间距的，可以表达为"相减相乘"式，试举例证明之。

　　北宋宋行古以一行表格为依据，在《崇天历》中给出黄赤道差计算公式[2]，其术曰：

　　　　求二十八宿黄道度：各置赤道宿入初末限度及分（x），用减一百二十五，余以初末限度及分乘之，十二除为分，分满百为度，命为黄赤道差度及分（$f-x$）。

---

[1] 陈美东:《古历新探》，辽宁教育出版社，1995 年，第 341 页。陈美东:《我国古代的中心差算式及其精度》，《自然科学史研究》，1986 年第 4 期。

[2] 严敦杰:《中国古代的黄赤道差计算法》，《科学史集刊》，1958 年第 1 辑。

依术文可列出公式：

$$f-x=\frac{(125-x)x}{1200} \qquad (9)$$

（9）式是"相减相乘"式，可由一行给出的"五度为限"、初增"二十四分之十二"以及"每限损一"等数据推导出来，可表示为等差级数公式[1]：

$$f-x=\frac{x}{5}\left[\frac{12}{24}+\frac{\frac{x}{5}-1}{2}\times\left(-\frac{1}{24}\right)\right] \qquad (10)$$

将（10）式化简，即得到一行公式（7）及宋行古公式（9）。（9）式与曹士蒍公式（1）、边冈公式（2）在形式上完全相同，是典型的"相减相乘"法公式，显然它们都直接来源于一行《大衍历》的球面变换"累裁"算法公式（7）。同样可以显著地看出，一行"累裁"公式（7）可由等差级数公式（10）化简而得到，即"相减相乘"法源于中国传统的等差级数公式算法，根本没必要到印度或者西方数学中去寻找源头。

---

[1] 王应伟：《中国古历通解》，辽宁教育出版社，1998年，第215页。
严敦杰：《中国古代的黄赤道差计算法》，《科学史集刊》1958年第1辑。

　　曹士蒍、边冈的创新之处，在于他们认识到了天体运动与球面变换之间的同一性，黄赤道差的"累裁""累积"与运动速度的"渐损""渐益"在数学表现形式上完全可以统一起来，都可表现为"连续变化"过程的求极值问题。

　　总之，一行公式（7）可能是所有"相减相乘"法公式的祖型，而"相减相乘"法来源于等差级数公式。《新唐书·历志》谓自边冈始，"简捷"之术兴而"经制"之法废，等差级数差分表及其内插法可能就是传统的"经制"算法，而"相减相乘"法就是等差级数公式的"简捷"算法。简化的结果，使边冈公式一望可知与"等周问题"并无二至。

五、余论

　　综上所论，曹士蒍、边冈公式显然是将一行黄赤道差计算公式推广到日躔差计算上的结果。边冈公式的术文中明确使用半周长（"半交度"）概念，两个相乘的因子之和恒等于半周长，因此适用于第(1)类"等周问题"（等周矩形以正方形面积最大）求解。边冈公式是"等周问题"中最简单的形式。虽然如此,边冈"相减相乘"法并非西方"等周问题"或抛物函数传入中国以后的产物,而是直接从一行《大衍历》黄赤道差计算公式推广而来;一行公式则是由等差级数公式简化的结果。

一行的黄赤道差计算公式由等差级数公式简化而来,看不出与"等周问题"有什么联系,虽然都与计算极值有关。但当曹士蒍、边冈将它应用于躔差计算时,与"等周问题"的关系就看得比较清楚了。显然太阳平位置与其真位置相关,或者说平位置是其真位置的函数,真位置变化引起平位置随之变化,这一点古人不难理解。以半周长为限,太阳平位置位于半周上的任意一点,此点到达限初(始点)、限末(终点)的长度分别为平行度(M)及其余数($a-M$),那么真位置必与这两个因子相关。两者相乘相当于矩形的面积,于是产生"相减相乘"式 $M(a-M)$ 以求"极大"。

从现代观念来看,原角度变换公式转化为与变速运动有关的函数,必须能反映运动的属性与特征,如圆周运动与周期性、速度连续变化及存在极大极小值等是太阳视运动的固有规律，转换而来的速度函数必须反映这些特性。由于太阳视运动是周期性的圆周运动，用角度来度量运动位移和速度的变化，其周长（周天度）是固定的，符合"等周问题"的基本条件，因此求速度极大的运动学问题，可以转化为求面积极大的"等周问题"。

曹士蒍、边冈将"相减相乘"法推广到朏差计算，具有数学和天文学方面的双重意义。首先，在天文学上一行的日朏表并不适合二次内插公式计算，其表列各值的三次差并不等于零；一行试图改变引数间隔为不等间距方式加以改进，结果并未提高计算精度[1]。曹士蒍日朏表全部采用"相减相乘"式计算节点值和内插值，从而消除了公式与表格不相符合的问题，使数学公式与连续变化的物理图像统一起来。其次，"相减相乘"式把等差级数公式简化到不能再简化，在不降低精度的要求下，大大提高了计算的速度和效率，尤其是在筹算的时代，简化计算的意义显得更为重要。再次，找到了反映连续变化并求取极值的简单函数表

---

[1]　陈美东：《古历新探》，辽宁教育出版社，1995年，第342页。

达式，在实测或理论计算得到极值及变量取值区间的情况下，调整比例系数，即可写出函数表达式，从而使"相减相乘"法成为普适的数学方法，在解决不同天文学内涵的问题时普遍适用。

实际上边冈不仅在黄赤道差、日躔差的计算上，而且在月亮极黄纬、定朔时刻、日食食甚时刻的改正以及阴历食差、阳历食差等历法问题的计算中，都采用了"相减相乘"法[1]。"相减相乘"法实际上就是二次函数的应用，与此同时边冈还在晷长、太阳视赤纬、昼夜漏刻的计算中发明和使用了三次、四次函数，"相减相乘"法是边冈高次函数系列中最基本、也是应用最广的一种。北宋周琮《明天历》将"相减相乘"法推广应用到对月亮和五星中心差的计算上[2]。自边冈以后，历家运用"相减相乘"式，往往参照前人的数据，在极值、变量区间及比例系数上略作调整，便形成自己的算式，一直到元郭守敬运用"招差术"进行根本

[1] 陈美东:《边冈》，金秋鹏主编《中国科学技术史·人物卷》，科学出版社，1998年，第305页。

[2] 陈美东:《中国科学技术史·天文学卷》，科学出版社，2004年，第467页。陈美东:《古历新探》，辽宁教育出版社，1995年，第342页。

改造为止。边冈总结提出的"相减相乘"法，在中国古代历算史上产生了持久而深刻的影响。

On the Bian Gang's Method of "Subtract before Multiply" Derive from Yi Xing

WU Jiabi

(*National Astronomical Observatories*, *CAS*, *Beijing 100012*, *China*)

Abstract　　Bing Gang who lives in the terminal stage of Tang dynasty had summarized the method of "subtract before multiply". It was an important method about ancient Chinese calendared calculating. Beforetime nobody know where it derives from. In fact, it spread from the calculational formula of the difference of ecliptic longitude and right ascension therein the monk Yi Xing's *Dayan Calendar*, and was derived from Chinese traditional algorithm. The calculating method of extremum of calendar was similarly with the simple proposition of isoperimetric problem that for the all isoperimetric rectangle only square's area was maximum one.

Key words Bian Gang Calendar Solar equation
Extremum Isoperimetric problem

（原载于《自然科学史研究》2009 年第 3 期，第
376—386 页）

宦海沉浮著新历：南朝天文学家何承天

性格耿直而又刚愎自用的何承天在官场上混过一生。他曾因得罪众人，被人抓住把柄，投进监狱；七十多岁时突然时来运转，连连高升；然而就在他去世的当年却被罢官免职，沦为平民。虽然不善当官，但他是一位优秀的科学家，他在天文学和数学领域的杰出成就，足以使他名垂青史。

宦海沉浮的何衡阳

何承天（公元 370—447 年）山东郯城人，生活在东晋、南朝刘宋时期。他出身官宦之家，5 岁时父亲去世，由母亲徐氏抚养成人。何承天自幼聪明好学，博览群书，儒家经典，诸子百家，无所不读。他的舅舅是东晋史学家、著名学者徐广，对天文历法有很深的研究，对何承天产生很大影响。

东晋末年何承天开始步入仕途，当过地方军府的参军，做过浏阳、宛陵县令等。进入刘宋之后，他曾任荆州刺史属下的长史、参军，后入朝为官，转任尚书左丞。何承天为人耿直，执法不阿，但他刚愎自用，对上级不能屈意奉承，又依仗自己知识渊博经常轻视侮蔑同僚，终于被排挤出朝廷，到边远外郡出任衡阳内史，他本人因此被称为"何衡阳"，后人将他的著作汇集起来，叫作《何衡阳集》。由于他不善与官吏们处理好关系，得罪了众人，在郡为官又不是很清廉，结果被人弹劾，投进监狱。幸好后来遇上大赦，免罪出狱。

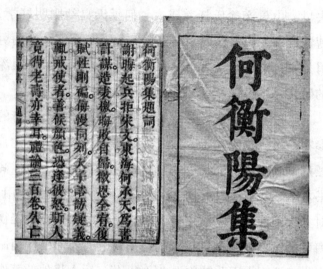

《何衡阳集》书影

何承天这个人当官不怎么样，但学问很大，知识渊博，当时的皇帝宋文帝刘义隆很佩服有学问的人，所以他又获得升迁的机会。元嘉十六年（公元439年），何承天升任著作佐郎，参与编撰国史。当时他已经72岁，同僚都很年轻，有人嘲笑他，常叫他"老奶奶"，何承天一本正经地纠正他说："你应该叫凤凰率领九子，'老奶奶'是什么话呀！"

后又转任太子率更令，负责管理东宫太子府上的漏刻、乐队等事宜，官职虽然不很显要，但能在太子府上任职，很是荣耀。朝廷设立国子学，他又兼任国子博士，侍从太子讲论《孝经》。很快，他又升为御史中丞，这是他一生实际担任的最高官职。

刘宋政权建立后，北方鲜卑族拓跋氏建立的北魏政权，势力强大，不断南侵。元嘉十九年（公元442年），因北魏侵犯边境，宋文帝向群臣征集对策，时任御史中丞的何承天，有过多年担任参军的经历，具有军事斗争的经验，他对比宋、魏两国的军事实力，根据当时的实际情况，写成《安边论》，提出安定边境、固守抵御的方略，受到宋文帝的重视。这是他政治生涯中最值得骄傲的杰作，这篇策论不仅措施具体，而且文辞十分优美，被传诵一时。

元嘉二十年（公元443年），何承天瞅准宋文帝对历法非常有兴趣，于是向他献出自己花费毕生精力私自编撰的新历法，指出现行历法的错误，请求改行新历。经过历官的检验，证实何承天新历比旧历精密，于是取名为《元嘉历》，于元嘉二十二年（公元445年）开始颁行。

何承天晚年升官一路风顺，靠的是他渊博的学问，但他仍然不忘与同僚钩心斗角，74岁那年，他斗败了对手尚书左丞谢元，对方被遣归故里，禁锢终身。

元嘉二十四年（公元 447 年）朝廷升迁他为廷尉（掌管法律），还没有正式授予职务，宋文帝又打算把他转到吏部（掌管官员任免和升迁的机构）任职，他本人已接受皇帝的密旨，等待正式任命。老来得做高官的何承天，喜不自禁，吹牛皮把这个绝密的消息泄露出去了。一传十，十传百，很快传遍朝野，前来祝贺和巴结他的人络绎不绝。他正在得意忘形之时，忽然接到正式命令：因泄露国家机密，免除何承天所有职务，着其回家养老。就在这一年，大学问家何承天去世，享年 78 岁，死时是一个布衣平民。

独出心裁的《元嘉历》

何承天能以一人之力完成一部优秀历法不是偶然的，而是有着家学渊源的深厚基础的。他的舅父徐广曾撰《七耀历》，积累了四十余年对日月五星的观测和研究资料；何承天自幼跟从舅父学习历数知识，徐广去世后，他继续观测校核又经历四十余年，积累了丰富的实测资料，为编写《元嘉历》打下坚实基础。总结历史经验，他主张制历"当顺天以求合，非为合以验天也。"意思是说，应该用实际天象来检验历法是否符合，符合天象的就是好历法；而不应该用人为制定出来的历法去检验天象，不符合历法的就认为是天象反常。他实践了这一思想，因此《元嘉历》能有许多创造发明。试举几例：

创立定朔算法。日食发生在朔日（初一），月食发生在望日（满月十五、十六日），是检验历法合天的重要标准。按每月平均长度算得的朔日叫平朔，但由于日月视运动的不均匀性，实际发生日月合朔的时刻与平朔并不相同，称为定朔。东汉已经发现月行有快慢，但仍然使用平朔来推排历谱，很不合理。何承天创立定朔计算法，力图使历法符合"日食在朔，月食在望"的准则，这是中国历法史上的一大进步。

利用月食测定冬至日的太阳位置。人眼不能直接看到太阳在恒星背景上的位置，但可以看清月亮的位置。月食发生时太阳正好位于月亮的正对面（黄经相差 180°），这时通过月亮位置就可准确推知太阳位置。何承天通过几组月食观测，推算出冬至日在斗宿十七度，而当时颁行的《景初历》与实测位置相差 4 度；用测影来检验则冬至日期与实测相差三天。这成为《元嘉历》最终被采用的重要依据。历来测算太阳位置采用中星法，相比之下，月食验日法既简便又精确。这一方法是后秦姜岌发明的，经过何承天的成功应用，为后代历法家普遍所采用。

他又根据《尚书·尧典》关于中星的记载，估算尧时冬至日在女宿十度左右，与他实测的冬至点相差二十七八度，年代相距 2700 余年，因此他得出冬至点每百年差一度的结论，这种现象叫作"岁差"。"岁差"的概念第一次由东晋虞喜提出，是中国天文学史上一项极其重要的发现。何承天首先拥护和肯定岁差之说，他的新测值还比虞喜所得的五十年差一度来得准确（实际约 78 年差 1 度）。

汉魏历法认为春分晷影长于秋分，何承天认为应该等长。他重新实测二十四节气的晷影数值，得出对应节气的影长大致相等的基本规律，后世所测，大致不出这个范围。

他从上元积年的因素中把五星会合周期等排除，使得历法的起算点"上元"更加靠近实施年代，从而简化计算；又主张以正月中气雨水取代冬至为历元，

使岁首与历元合一，等等，可惜这些合理建议没有被
后来的历法家采纳。

美妙神奇的调日法

历法史上有一个以何承天的名字命名的数学方
法，叫"何承天调日法"。朔望月整数日后面的尾数
用分数表示，其分母叫"日法"，分子叫"朔余"。找
一个稍大的分数 a/b 为强率，稍小的分数 c/d 为弱率，
所求分数在强、弱分数之间，可由不等式来表示：

$$\frac{a}{b} > \frac{a+c}{b+d} > \frac{c}{d}$$

经过若干次调整，可表示为：

$$\frac{a}{b} > \frac{am+cn}{bm+dn} > \frac{c}{d}$$

选择适当的 m、n，便可求出与实测相当的日法
和朔余。何承天以 26/49 为强率，9/17 为弱率，经过
15 次调整得到日法为 752，朔余为 399：

$$\frac{26 \times 15 + 9}{49 \times 15 + 17} = \frac{399}{752}$$

因为这是一种不断调整强弱分数的方法，所以叫作"调日法"，或称加权加成法。

何承天曾用"调日法"来计算圆周率，他根据不等式

$$\frac{75}{65} < \pi < \frac{365}{752}$$

经 304 次调整得到：

$$\pi = \frac{365 \times 304 + 75}{116 \times 304 + 65} = \frac{22}{7}$$

此即圆周率的"约率"。有人估计，少年时曾向何承天请教历法的祖冲之，就是运用调日法计算得到圆周率的"密率"的。调日法作为强有力的数学工具，被广泛应用于其他历法要素分数值的调整上，产生了深远的影响。

[链接] 何承天学识渊博，宋文帝遇到疑问，总是派人向他询问。有一年，宋文帝命人开挖玄武湖，挖出一座古墓，在墓上发现一个有柄的铜斗。宋文帝遍问朝臣：有谁知道这个铜斗的来历？无人敢答。只有何承天说出这是王莽时的遗物：王莽在朝廷重臣三公

死亡时，都曾赠予一对威斗，象征威服天下；当年三公之中只有甄邯的家在江南，因此此墓一定是甄邯之墓。随即挖开墓室后又从墓中发现另一个铜斗，还出土一块石碑，刻有"大司徒甄邯之墓"的铭文，证实了何承天的判断。从此大家都很佩服他的学问。

（原载于《中国古代 100 位科学家故事》，人民教育出版社、学习出版社联合出版，2006 年，第 40—42 页）

隐身佛门的科学巨匠：唐代著名天文学家僧一行

一部《大衍历》，成为中国古代天文历法史上划时代的不朽作品，它的巨大成就足以彪炳史册，光照后人。然而，你知道吗？它的作者却是一位逃避政治、隐身佛门的高僧。

贫苦童年　聪明好学

僧一行（公元683—727年）是唐代伟大的天文学家、数学家，著名高僧。俗名张遂，魏州昌乐（今河南南乐）人。他出生于贵族家庭，曾祖父是唐朝开国元勋、贞观名臣张公谨。然而家道中衰，至一行幼时，家境已十分贫寒，幸赖邻里王姥接济、抚养，才得以长大成人。

一行自幼聪敏不凡，记忆力惊人。他少年老成，博览经史，尤其精通天文历象及阴阳五行之学。当时有个著名道士尹崇博学多通，藏书丰富，一行前往拜访，向他借西汉扬雄《太玄经》一读，数日之后很快还书。尹崇十分不满地说"此书意指深奥，我探寻多年，都未能通晓，你试着再研读些时日，为何这么快就还来？"一行回答"已穷究其义了"，于是拿出近撰阐发《太玄经》含义的图文一卷出示尹崇，尹崇大惊，遂与之谈论《太玄经》，逢人便夸："此人是颜回再世！"一行从此名声大振。

隐身佛门　游学天下

没想到名声给一行带来不小麻烦。当时值武则天晚年，把持朝政的梁王武三思仰慕一行才学，欲与他结交。武三思专横跋扈，声名狼藉，不值得结交，又不便与他公开决裂，为保持名节，一行不得不"逃匿以避之"。一行逃隐嵩山之中，得遇佛教禅宗大师神秀的大弟子普寂，因感悟世事虚幻，乃拜普寂为师，出家为僧，法号"一行"。

出家之后，一行生活有了着落，更加一心向学，所读佛教经典，无不过目成诵。普寂曾召集一次大法会，邀请著名隐士卢鸿起草"导文"（开幕词）。卢鸿才高气傲，曾屡次拒绝朝廷征召。当日到会，卢鸿从袖中抽出导文置于几案。待到开会的钟声敲响，卢鸿才对普寂说"我起草数千言，而且文辞古僻，应请优秀人士宣读，我须当面指点一遍，以免出错。"普寂叫来一行。一行伸纸将导文浏览一遍，微笑着放回几案。卢鸿不悦，怪其轻薄。等到僧众到齐，一行挽起双袖，潇洒登台，仪态飘逸，声音雄亮，诵出导文，竟与卢鸿所撰一字不差！卢鸿被惊得目瞪口呆，叹服不已，便对普寂说："此人非您所能教导，应当放其游学天下。"从此一行游历名山大川，遍访高僧大德，学问与日精进。

一行虽然隐身佛门，但他真正的兴趣在于天文历法及算数之术。天台山国清寺有位和尚是算学高手，一行前往拜师，算师未见其人便已心灵感应，相传寺前溪水为之倒流，一行"尽受其术"。可惜这位高人历史上没有留下姓名，而一行天台山学艺则为日后编算大衍历法打下坚实基础。

应征入朝 坐而论道

唐睿宗李旦即位，曾命东都留守以礼征召，一行托病不应。开元五年（公元717）唐玄宗特命一行叔父李洽奉敕强行征召，一行不便推辞，只得应命来到长安，被安置在光太殿，充当皇帝的顾问。唐玄宗多次向一行询问安国治民之道，一行都尽其所知，剀切陈辞，有如"王者之师，坐而论道"。唐玄宗爱女永穆公主出嫁，玄宗欲模仿太平公主故事赐予特别优厚的嫁妆。一行认为高宗晚年只有太平公主一个女儿，所以特别溺爱，助长了太平公主的骄横和野心，导致她最终因干预朝政而被杀；为了真正爱护永穆公主，不宜赐予优厚嫁妆。玄宗采纳一行之见，收回成命。诸如此类，反映了一行正直不阿的品德，也显示出唐玄宗对一行的器重。公元720年，印度高僧金刚智抵达长安传授密宗，已是禅宗大师的一行，希望了解和学习来自印度的佛教原始典籍和教义，遂从金刚智灌顶受法。后又从另一印度高僧善无畏翻译和注释密教经典，成为一代密宗大师。

公元 721 年，由于当时的《麟德历》预报日食连连失误，唐玄宗诏一行改造新历法。一行潜心研究天文历法数十年，突然天降大任，使他的聪明才智有了用武之地，从此一行把大部分时间和精力投入新历法《大衍历》的编撰活动中。

精制仪器　测天测地

一行以前的许多历法家主要靠修改一些历法要素或引进一些新观念编出一部新历法，一行受命以后并没有这样做，而是着手制造新的天文仪器，进行艰巨卓绝的天文观测，以使新历法建立在更加科学的基础之上。在一行的指导下，率府长史梁令瓒把所设计的黄道游仪制作成铜制新仪器。随后的观测中，一行发现与汉代相比，二十八宿中有六宿的距度发生了变化；对 20 多个星官的观测也发现古今坐标不同，由此他得出星宿位置古今变化的重要结论，对后代产生很大影响，宋元时期频繁的恒星位置测量工作便与这一发现有关。

　　一行和梁令瓒等人还共同设计、制造了既可自动演示天象，又能自动报时的新仪器，称为浑天仪。其演示系统以水为动力，其报时系统为二木人前置钟鼓，每一刻击鼓，每一辰敲钟，这是后世自动天文钟的始祖。

　　一行还设计制造了一种专门用于测量各地北极出地高度（等于地理纬度）的仪器，叫作覆矩。有了这样的仪器，一行发起组织"四海测验"工作，对北起贝加尔湖、南至今越南中部的广大地区，进行北极出地高度、分至晷影长度及冬夏至昼夜长短等的实测工作。这是我国古代第一次大规模的全国性天文测量工作，并首次对子午线的长度进行了测量。

创新历法　成就辉煌

　　一行《大衍历》的核心内容包括"步中朔"（计算中气、朔日），"步发敛"（计算七十二候等），"步日躔"（推算太阳位置），"步月离"（推算月亮位置），"步轨漏"（计算晷影和昼夜漏刻的长度），"步交会"（推算日月食）和"步五星"（推算五大行星运动）等七部分，这样的编排成为后世历法编次的经典模式。其中关于冬至时刻、冬至太阳位置的测算，对日、月、五星运动的描述，对阳城晷漏、九服（指地理纬度不同的地区）晷漏、九服食差（与日月食有关）的计算等，都有重大创新和突破。

一行十分注重探求新的数学方法，用来描述由实测得知的日、月、五星运动以及交食等客观状况。如关于太阳运动，隋朝刘焯《皇极历》按等间距二十四节气位置值进行二次差内插，得到其不均匀性改正值；实际上每节气的间距是不相等的，为此一行发明不等间距二次内插法（如图所示），较好地解决了这个问题，这一方法被后世沿用五百年。

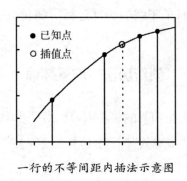

一行的不等间距内插法示意图

在对月亮和五星运动的研究中，一行还对三次差内插法进行了初步探索。此外，对于黄赤道宿度变换、黄白道宿度变换的计算等，一行也作了新的测算与归纳，对后世产生了较大影响。

英年早逝　精神长存

日夜操劳严重损害了一行的健康，他于727年完成《大衍历》初稿，未来得及亲眼看到它的颁行便积劳成疾，与世长辞，享年45岁。经过宰相张说、历官陈玄景等人的整理，公元729年《大衍历》正式颁布，在全国施行。

一行的一生主要从事宗教活动，作为一名高僧受到当时人们的景仰；但如果他仅仅是一位高僧，也许今天的许多人会把他遗忘。然而在生命的最后的六年，一行的一生放射出璀璨的光芒，《大衍历》的巨大成就，使他成为中国历史上的科学巨匠。他的英年早逝，常使人们扼腕感伤；然而他为科学献身的精神令人们永世不忘，激励着中华民族的优秀子孙，担当起国家的重任，争做社会的栋梁，为祖国的美好未来贡献才智和力量。

[链接] 公元 724 年，一行组织"四海测验"工作，太史监南宫说负责的白马（在今河南滑县）、浚仪（在今河南开封）、扶沟（今河南扶沟）、上蔡（今河南上蔡）四处，大约位于同一经度线上，地处平原，增加了用测绳丈量水平距离的内容。当对各地里差与北极高度差之间的关系进行比较分析时，一行敏锐地发现两者之间存在稳定的线性比例关系："大率三百五十一里八十步，而极差一度。"实际上已经得到子午线 1° 长131.11 公里的数值（比今测值偏大约 20.17 公里），这是世界上第一次对子午线长度进行的测量。国外实测子午线长度，是阿拉伯天文学家于公元 814 年进行的，比我国晚 90 年。

（原载于《中国古代 100 位科学家故事》，人民教育出版社、学习出版社联合出版，2006 年，第 49—51 页）

神秘术士　历算高人：晚唐天文学家边冈

晚唐术士边冈，高深莫测，神秘诡异。然而拨开笼罩在边冈身上的神秘面纱，你会发现：作为天文学家、数学家的边冈，取得了多么伟大的成就！

官封四品　位列算家

边冈，河北成安县人，生卒年不详，主要活动于9世纪晚期至10世纪初的晚唐时期。关于他的生平事迹，史籍记载十分简略。史书称他为"术士边冈"，记述他通晓天文，深明阴阳历数的奥妙，尽知天下奇闻秘事，"有先见之明"——即能够预知未来；还说历史上最著名的占卜大师，预言家西汉京房、魏晋管辂也比不过他。

唐昭宗时期（公元 889—904 年），他曾在太子詹事府任"少詹事"，官列"正四品上"。詹事府是负责东宫太子的饮食、礼仪、漏刻、车骑以及安全等事务的机构，其中漏刻与天文历法有关，这大约是詹事府事务中最能体现出边冈特殊才能的事项。

唐昭宗时，施行已久的《宣明历》，出现明显错误，昭宗皇帝下诏命太子少詹事边冈与有关官员一起改治新历，但所有历法数据和算法都出自边冈。景福元年（公元 892 年）新历完成，皇帝赐名叫《崇玄历》，从第二年（公元 893 年）开始颁行全国，唐亡之后，五代还在继续沿用，前后施行约六十年。

边冈巧妙的计算方法对宋初一些历法产生了较大的影响。大观三年（公元 1109 年），北宋朝廷对历史上的"算家"加封神位，用其籍贯赐五等爵，其中就有封为子爵的"边冈成安子"，地位在落下闳、刘徽等（均为男爵）名家之上。可见他在天文算学史上的地位和影响。

神秘术士　预测未来

唐僖宗乾符年间（公元874—879），五大行星中的木星进入二十八宿中的斗宿位置，连续好几个晚上都不移动。当时任荆州节度使的晋国公王铎，看到这一天象，就把诸位星占家请来询问吉凶，都说"金星、火星、土星侵犯斗宿是灾祸，只有木星应当代表福运。"大家都认为将有好运来临。这时术士边冈却对晋国公说："斗宿代表帝王的宫殿，木星是位福神，木星入斗宿应当以帝王之事来占验。但不是造福于当今，必定在将来有所应验。天机不可泄露，我不敢说得太详细，将来自然会验证。"

当时王铎不动声色，没有多问。忽一日，王铎秘密召见边冈，一定要他说出天象显示的机密，边冈死活不肯。于是王铎屏退身边所有人员，当室中只剩下边冈和王铎两个人时，边冈终于说出了他领悟到的"天机"。他说："木星入斗，是新朝皇帝取代旧皇帝的征兆；'木'字加在'斗'字中，就是'朱'字；以此看来，将来应有姓朱的人当皇帝，上天通过天象已经告诫天下了；木星在数字上代表三，这件事件的应验在三纪之内"。木星运行十二年一周为一纪，三纪共三十六年。王铎听完边冈的话，不再吱声。后来果然在 36 年之内，唐朝被姓朱的人灭掉了（公元 907 年）；但王铎和边冈当时并不知道，这个姓朱的人就是后来五代后梁的开国皇帝朱温。

边冈预测朱氏篡唐的故事，记载在五代的《北梦琐言》以及宋代的《太平广记》《旧五代史》等书中。不能简单地说边冈装神弄鬼，能预知未来，因为利用天象来解释人事活动，在中国古代是一种十分普遍的文化现象，这并不妨碍边冈在天文和数学领域有极高的造诣。

观测精良　算法简捷

历史上的优秀历法，有的测定和采用了更加准确的数据，有的改进和创造了简捷或者高级的算法，边冈编制的《崇玄历》在这两个方面都做出了令人钦佩的成绩。

考察《崇玄历》我们发现，有很多天文数据和表格显然受到唐朝僧一行《大衍历》的影响，但也有不少是边冈独立测算的新成果。如其食年（交点年）长度取 346.61953 日，与理论值仅差 15 秒，精确度远高于前代各历法；恒星年长度取 365.2563881 日，与理论值仅差 2 秒左右，为历代最佳值；月亮过远地点时间的误差为 0.35 日，精确度也较大衍历高过一筹；月亮运动不均匀改正表的精度，在历代同类表格中是最佳的。关于五星会合周期的测定，《崇玄历》的木、金、水星会合周期的精度高于大衍历，火星近日点黄经为历代最佳值。对于五星运动不均匀性改正的数值表格，边冈也给出了新的格式，较真实地反映其改正值的不对称性，能较好地描述五星运动的真实状况。这一新格式对宋初一些历法产生了较大的影响。以上这些成果表明，边冈在编制崇玄历时曾进行了相当多，而且十分精到的天文实测工作，他无愧是一位有成就的天文观测家。

边冈的主要贡献还在于一系列历算方法的创新。在崇玄历中，边冈设计了不少巧妙的删繁就简的便捷算法。例如，推求任意一年冬至时刻的月亮平均行度（"黄道月度"）、冬至午中与月亮远地点间的时距（"冬至午中入转")等，依照传统方法列出的算题相当繁杂，边冈设计新的近似算法，比传统方法简单得多，而且保持了必要的准确度。这类算法，史书上把它叫作边冈"径术"或者"超径之术"，意思是径直走、超近路的算术，现在我们把它叫作"边冈简捷算法"。边冈是基于什么样的原理、怎样推导出这些简捷的近似算法的，我们现在还不得而知。

边冈算法　名垂青史

然而边冈算法的主要内容还不是其简捷算法，而是他总结出来的"相减相乘"法和由他创造的高次函数法。

中唐时期，曹士蒍撰民间小历《符天历》，在其日躔表之末，提出一个"日躔差"（太阳中心差）公式，即太阳实行度（V）与平行度（M）之间的关系式：

$$V-M=（182-M）\times M/3300$$

此式表明，太阳实行度（V）是其平行度（M）的二次函数。以往日躔表仅提供有限节点的日躔差数值，而节点间的数值需通过内插法求得。上述关系式表明

任一太阳位置 V，可由一个二次函数 $F(M)$ 求得，这意味着日躔表这类天文表格已无存在的必要。

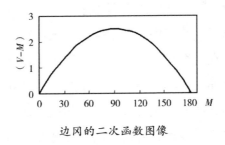

边冈的二次函数图像

边冈敏锐地发现了曹士蒍日躔差公式的重要性，将其高度概括为："定积"（M）与半交度（182）"先相减、后相乘"，再除以比例数（3300），得所求度（日躔差）。后人按边冈的总结把这一方法叫作"相减相乘"法。边冈把该法推广应用到黄赤道宿度变换、月亮极黄纬和交食等历法问题的计算中，均建立了相应的二次函数公式。

不仅如此，边冈还首创了晷长计算公式，计算每日中午日影的长度，表现为两个三次函数式，从而把传统的二十四节气晷影长度表格及每日晷长的计算公式化了。他还创立了太阳视赤纬公式，表现为两个四次函数式，从而把二十四节气太阳视赤纬表格及其每日视赤纬的计算公式化了。

边冈总结、推广或发明创造的二次、三次和四次函数计算法，共同构成一个高次函数计算法的崭新数学模式，在一系列历法问题的计算中，取代了传统的数值表格加内插法的经验性数学模式，是我国古代历法中数学方法的一次重大变革。相比较而言，高次函数法较表格计算法具有形式简明、计算便捷的显著优点，而且自边冈始，新法的计算精度已大抵达到了旧法的水平。高次函数法在内容上极大地充实了我国古代天文学独特的代数学体系，边冈作为该方法的奠基者，在中国古代天文学史上占有十分重要的地位。

[链接] 从初唐开始，就流传有关于姓牛或者姓裴的人，将篡夺唐朝皇位的谣言。武则天时期流传一首民谣说："首尾三鳞六十年，两角犊子自狂颠，龙蛇相斗血成川"；还有关于"绯衣小儿"的谣传。有好事者解释说：两角犊子就是牛，肯定有姓牛的人要篡夺唐朝天下。唐玄宗时监察御史周子谅弹劾工部尚书牛仙客；中唐时发生"牛李党争"，李德裕攻击牛僧儒，都

拿"牛"姓做文章。平定藩镇之乱有功的宰相裴度，也受到这一谣言的中伤，因为有人解释说，牛就是"犊子"，八字象征"两角"，"牛"下安"八"是个"朱"字；"朱"即指朱色绯衣，而绯衣合起来是"裴"字，以此暗示姓裴的人要篡权。等到边冈把木星入斗宿的天象解释为："木在斗中"是个"朱"字，人们才意识到——原来民谣和天象显示，要篡夺唐朝天下的人姓朱。今人把这当作故事来听即可，不必当真。

（原载于《中国古代 100 位科学家故事》，人民教育出版社、学习出版社联合出版，2006 年，第 52—53 页）

千古道士—畴人：宋末元初天文学家赵友钦

宋末元初中国出现过两位杰出的天文学家，一位是以布衣出身，位至太史，编撰《授时历》的郭守敬；另一位是出身皇室贵族，却不得不隐居道山，成为名副其实的民间科学家，他就是赵友钦。清阮元《畴人传》专门为这位民间道士立传，介绍他的著作和生平。

民间道人　著述等身

赵友钦，字敬夫，号缘督，人称"缘督子"或"缘督先生"，江西鄱阳人。他的生卒年代已不可确考，只知道他是赵宋皇室宗亲汉王的第十二世孙，大约生活于13世纪中后期至14世纪前期，是宋元之际一位很重要的科学家。

南宋政权灭亡之际，面对江山改姓，朝廷换代的历史巨变，具有皇室血统的赵友钦，为了避免遭到新王朝的迫害，隐遁民间，开始了浪迹江湖的漂泊生涯。起初他钻研天文、式占之类的书籍，希望得到天命的启示，激励自己奋发有为，有朝一日为国家建功立业。一天他坐在芝山酒店中，忽然来了一位仙风道骨的长者，他感到此人不一般，便主动和他接近，攀谈起来。由于谈得很投缘，不觉谈了许久，临别时长者对他说"你为什么来得这么迟呀！"便把自己囊中的一本炼丹书送给他，一问姓名才知是鼎鼎大名的道长——杏林仙人石得之。从此赵友钦不再留心功名世事，遁入空门，成为"全真道"的著名道长，他的学生中有融合"全真道"南北二宗的著名道教领袖人物"上阳子"陈致虚。

赵友钦曾在江西德兴居留，又曾经在东海上独居十年，注《周易》数万言，当时的人们很少知道他，唯有一个叫傅立的学者对他极其敬畏。后来在浙江衢县龙游鸡鸣山定居，并在山上筑起观星台和实验楼，观察天象，授徒讲学，从事天文学、数学和物理光学等方面的研究。他时常骑一匹青骡，携一书童往来于衢山婺水之间，总不见他带什么行李，但他却从不缺乏旅途开支，人们十分奇怪，不知道他使的什么法术。他游疲倦了，想要休息了，便坐化，人们把他葬于衢县龙游的鸡鸣山。

他有一个女儿，招赘龙游一位范姓女婿，是北宋名臣范仲淹之后，范氏后人把他当作祖先看待。他著述颇丰，一位再传弟子把他的重要著作《革象新书》刊行于世，后来被收入明《永乐大典》和清《四库全书》，其他著述，都已散失。《革象新书》，这是一本纯粹的自然科学著作，在数学、天文和物理方面有很多创见，是我国科学史上的重要典籍。

相对运动　解释纷争

在《革象新书》中赵友钦对天体视运动的复杂现象作出了独到的解释。中国古代没有地球和地球自转的概念，把由地球自转引起的天体东升西落的现象，看作天体自身的运行。在讨论天体运动时中国古代向来有"左旋说"和"右旋说"两种说法。"左旋说"认为所有的天体在空中自东向西运动（左旋），所以人们看到它们在不停地东升西落；而日、月及金、木、水、火、土五星等运行的速度比其他星星运行的要慢，因此人们发现它们相对恒星背景在做与左旋相反的、自西向东（右旋）的运动，而实际上它们并没有做右旋运动。"右旋说"认为恒星所在的天球自东向西（左旋）运动，而日月五星则在天球上自西向东（右旋）做反向运动，由于受到天球运动的牵制，才显示出东升西落的效果。赵友钦指出两者的根本差异在于所选择的参照物不同：左旋说以大地为参照，所以恒星及日月五星都在作左旋运动；"右旋说"以天球为参照，故显得日月五星在做右旋运动。这样，就从相对运动的观点，把两说统一起来。现在我们知道这些现象是由地球自转和行星公转引起的，但在当时没有这些知识的情况下，赵友钦能够运用正确的物理知识（运动的相对性），作出明晰的解释，是十分可贵的。

中天观测　前无古人

赵友钦创造了一种测量恒星入宿度（赤经差）的全新方法。他使用一套特制的漏壶，壶的浮箭分为

146.5 格，控制水的流速，使浮箭在一昼夜内沉浮各 50 次，共移动 14650 格；按他的认识，在一个平太阳日中，天球绕地球转 366 又 1/4 度，那么天转 1 度，箭移 40 格；每移 1 格，时间间隔不到 6 秒。另在一木架上依南北方向放置两条平行的木条，中间形成一道三四分宽的窄缝，缝隙正中对准当地的子午线。观测者候于架下，当某星出现于缝隙中央时即发出喊声，另有人记下漏壶中浮箭的指数；依据两星过窄缝时浮箭刻数的差数，就可算出它们的赤经差。这种利用两颗恒星上中天的时刻差来求其赤经差的方法，与近代中天观测法或子午观测法的原理是完全一致的。西方用"耳目法"测定恒星中天时刻，是从 1684 年丹麦人罗默发明中星仪开始的，比赵友钦约晚 4 个世纪。

月相解释　通俗易明

　　中国古代讲天文历法的书，都十分难懂，令人望而生畏。赵友钦的书是个例外，他能深入浅出，用生动形象的比喻，浅显明晰的推理，通俗流畅的语言，把深奥难懂的天象和历算原理，讲得明白如话。他对月相成因的解释，就是一个典型的例子。

大约在汉代或者更早，中国古人已经明白月亮本身并不发光，靠反射太阳光而发光，所以人们只能看到朝着太阳那面的一半月亮，背着太阳的另一半因为不发光而无法看到。但为什么会产生月牙、上弦、下弦、满月等月相变化呢？赵友钦解释这是由"月体半明"造成的。他将一个黑漆球挂在屋檐下，黑漆球总是半个球亮半个球暗，好比月球反射太阳光；人们从不同位置去看黑球，看到黑球反光部分的形状并不一样，有如月牙形、半月形、满月形等。他通过这个模拟实验，形象地解释了月亮的盈亏现象。

验证祖率　割圆创新

赵友钦在数学上的重要贡献是计算圆周率 π 的值。历史上南朝宋齐时期的数学家祖冲之计算圆周率得到"约率"=22/7，"密率"=355/113。约率又称疏率，从第三位小数开始大于 π，与古希腊阿基米德的数值相同；密率则在第 7 位小数后才开始大于 π，而且按照连分数的渐近分数理论，它是分母不大于 113

的所有分数中，最接近 π 的数，是一个很特殊的分数，日本数学史家三上义夫建议称之为"祖率"。祖冲之在密率的基础上进一步推断 3.1415926< π <3.1415927，从而把圆周率准确到小数点后第六位数值。祖冲之的这一成就记载在《隋书》内，但由于记述过于简略，他撰写的数学专著《缀术》又已失传，他是怎么算出这一结果的，人们无法详知，也没有人进行过验算。现在一般认为他是利用刘徽的"割圆术"计算得到的，因为按刘徽之术从圆弧上割取线段，组成圆内接正 6 边形，计算其总边长，把它看作圆的周长，得到的圆周率为 3；然后继续第 2 次割圆到正 12 边形、第 3 次割圆到正 24 边形，一直进行到第 12 次割圆得到正 24576（=6×2^{12}）边形时，便可算得"祖率"这一结果。

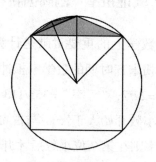

赵友钦的密率割圆术

赵友钦的割圆术与刘徽不同，他采用一个直径为一千寸的大圆，从圆内接正方形算起，依次由 4 边求 8 边，8 边求 16 边，到第 12 次正 16384（$=4 \times 2^{12}$）边形时，求得边长为 3141.592 寸，然后乘"祖率"的分母 113，正好得到"祖率"的分子 355（尺）！他得到的圆周率 π=3.141 592，验证了祖冲之圆周率的正确性。

[**链接**]赵友钦的光学实验　《革象新书》中记载了赵友钦做过的一个规模空前的光学实验：在两层楼、两间房子的实验楼地下各挖四尺与八尺深的大井洞一个，设置由千支蜡烛组成的面光源置于井中，以楼板为光屏，在井盖面板上开小孔，进行小孔成像、改变光源形状、改变像距、改变物距、大孔成像等多种光学对比实验，得到光线直线传播、小孔成倒像以及照度与光源强度、像距之间的关系等正确认识。

他的光学实验构思缜密，设计精巧，规模宏大，在整个世界中世纪科学史上实属罕见。赵友钦在世界物理学史上首次采用大规模实验方法探索自然规律，比意大利物理学家伽利略要早两个世纪，其定性照度定律的发现比西方早 400 多年。

（原载于《中国古代 100 位科学家故事》，人民教育出版社、学习出版社联合出版，2006 年，第 54—56 页）

测天制历兴水利的科学巨人：元代天文学家、工程专家郭守敬

　　在科学研究和工程建设方面都能做出杰出贡献的人，是十分稀少的。这样的人在现在一般是科学院、工程院两院院士。元代大科学家郭守敬就是这样的人，在他晚年朝廷升任他为"昭文馆大学士"，大约相当于今天的"院士"；而他曾经担任的两大官职"太史令"（主管天文历法）、都水监（主管水利）则体现了他是一位既懂科学又懂工程的旷古奇才。

家学渊源　名师教诲

　　郭守敬（公元 1231—1316 年），字若思，河北邢台人，出生书香门第，从小跟随祖父郭荣长大，受

到良好教育。郭荣通晓"五经",尤其精通数学和水利,对少年郭守敬产生了很大的影响。郭守敬不仅勤奋好学,而且在少年时代就养成了很强的动手能力。十五六岁那年,郭守敬得到一幅拓印的石刻莲花漏(北宋燕肃造)图,仅凭图就弄清了这种先进计时仪器的工作原理。他还曾依据古图用竹篾扎制成浑仪,然后积土为台进行恒星观测。

当时,忽必烈的重要谋士、游方僧人刘秉忠(公元1216—1274年)因守父丧,在邢台西南紫金山讲学。郭荣与刘秉忠是好友,知此消息即送郭守敬到刘秉忠门下深造。从学者有后来的大数学家王恂。这一经历,对郭守敬的一生产生重要影响。

初出茅庐　首建奇功

郭守敬20岁那年,邢州新来官员决定开挖河道、兴修水利,专门聘请郭守敬承担工程的规划设计。由于连年战乱和年久失修,邢台城北的河道被泥沙淤塞,有名的邢州石桥被埋没三十余年而无踪影,如何找到旧址,修复石桥成为工程的关键。

郭守敬依仗家传绝学，认真勘测地形，制订施工方案。在他的指点下民工一举挖出石桥，仅用40天邢州石桥便修复一新；借此疏浚了河道，改善了道路交通。此举显露出他在工程设计和指挥施工方面的才干。著名文学家元好问写有《邢州新石桥记》称赞这项工程，刻于新桥之侧，传颂一时，文中的郭生指的就是年轻的郭守敬。

治水十四年　官至都水监

1262年春，刘秉忠的老同学张文谦向元世祖推荐31岁的郭守敬，称赞他"习水利，巧思绝人"（熟悉水利，才思巧妙无人能比）。忽必烈召见，郭守敬面陈发展华北水利的六项建议，每奏一项，忽必烈都赞叹说："像这样办事，才不白吃饭呵！"当即任命他掌管各地河渠的整修和管理工作。不久治理西夏水利，因功被提升为都水少监，1271年升任都水监，主管全国的水利工程。这一年，都水监并入工部，郭守敬出任工部郎中，仍旧负责河工水利。

1275年元军南下攻宋，急需解决后方军需物资的运输问题，郭守敬亲自踏勘冀鲁水系，提出七条通航干线以及相应的水驿设置地点，受到采纳。此举为元军平宋、完成全国统一发挥重要作用。晚年他还一举开通通惠河，使大运河直达京城。

同学少年　共襄盛举

至元十三年（1276年），元兵攻克南宋首都临安（杭州），忽必烈下诏设立太史局（后改称太史院），制定新历法，任命张文谦主持，王恂负责具体事务。王恂调集有关专家和天文官参与其事，其中最重要的一位就是他的老同学工部郎中郭守敬。这一决定改变了郭守敬的一生，从此他开始了职业天文学家的生涯。

王恂（1235—1281年）字敬甫，河北唐县人，小郭守敬四岁。他聪敏早慧，十三岁时数学已达极高水平。刘秉忠发现后即将他带在身边，亲自培养。后推荐为太子忽必烈的辅导老师。不久王恂被正式任命为太史令，郭守敬为同知太史院事，成为王恂的副手。他们两人有明确的专业分工，王恂负责历法计算，郭守敬负责仪器制造和天象观测。经过四年努力，新历成，忽必烈亲自命名为《授时历》，于至元十八年（1281年）颁行全国。

仪器制造　登峰造极

为了给新历法提供科学的实测数据，郭守敬设计制造了十多种天文仪器，安置在太史院的"司天台"（国立天文台），其中最为后人推崇的是简仪、仰仪和圭表等。

简仪，是一种崭新的测量天体位置的仪器。它打破传统浑仪众多环圈的同心圆装置，改用经纬环圈垂直安置法，以线照准替代传统窥管的小孔照准法，把测量赤道坐标和地平坐标的两组仪器合铸为一体，在世界上最早采用滚筒轴承装置等，从而使这架仪器结构简单、操作简便，测量精确而又一器多用，故称简仪。这是世界上最早的大赤道仪，而在欧洲，类似仪器直到18世纪才在英国使用。

仰仪，是一件铜制中空半球形仪器。因像一口仰放的锅，故名"仰仪"。半球口沿上标有东西南北方位和十二时辰，口面用纵横两杆架一玑板，板心小孔正好在球心上。球内壁刻绘极坐标网格，极心通过玑板上的球心小孔指向北极。观测时太阳光通过小孔，成一倒像在球内壁上，由网格可以直接读取太阳时角坐标；遇日食，可以测定初亏、食甚、复圆的时刻和方位以及食分大小等。

高表，郭守敬把传统圭表增高 5 倍以减小测量误差，故称高表。又在表端上加一横梁，利用"景符"上的小孔成像，收到影界清晰的效果。在河南登封县，郭守敬建造了城墙式高表，被称作"观星台"或"观象台"，他是世界上天文仪器巨型化的先行者。

郭守敬的仪器制造，不仅在中国历史上登峰造极，而且在当时的世界范围内也处于顶尖水平。明末来华的德国传教士汤若望见到郭守敬制造的仪器，曾尊称他为"中国的第谷"，而他比著名的丹麦天文学家第谷要早 3 个世纪。

精密测量　罕有其匹

郭守敬通过自制精密仪器，测得大量数据，然后通过数学推导和拟合得到理想结果。如关于冬至时刻，郭守敬等人历时三年半测得 98 组数据。依祖冲之冬至时刻计算法，并统计分析得到 1280 年 12 月 14.06 日为冬至时刻，以此作为《授时历》的历元。按照现代理论推算，这个冬至时刻十分精确。

他还根据可靠的冬至时刻历史记录，归算出回归年的长度为 365.2425 日。这个值同现在世界上通用的公历一样，比公历早三百年。实测得到黄赤交角为 23° 33′33″.9，误差为 1′35″.9，欧洲直到三个多世纪以后才有可与郭守敬相比的观测出现。郭守敬还重新测定二十八宿距度和全天星表，西方与之相匹的第谷星表要晚出现 3 个多世纪。

为使新历适应全国的要求，王恂、郭守敬组织十四个观测队，到全国二十七处地点观测，北起今西伯利亚的叶尼塞河流域，南到南海今黄岩岛，测出当地的北极出地高度（地理纬度）、冬夏至晷影长度和昼夜漏刻等，史称"四海测验"。这是有史以来盛况空前的天文大测量，其中北极出地高度平均误差只有 0.35°，以当时的便携式仪器得到这样的精度是非常了不起的。

历法创新　独步古今

《授时历》在历法上有许多创新，如废除遥远的上元，改用至元十八年（1281年）前冬至时刻为历元。然后推算出其他天文周期起点与该冬至时刻的差距，称为相关的"应"，共有"七应"，形成一个天文常数系统。所有数据，个位以下尾数统一以100为进位单位，各种不同尾数的大小一看便知。

关于日月五星运动的不均匀性改正值，隋代刘焯发明二次差内插法进行计算，唐代僧一行已发现不够精确，必须用到三次差，但关于三次差内插的公式却一直没有找到。《授时历》发明了被称为"招差法"的三次内插公式，解决了这个难题。三次内插法的出现，早于欧洲约4个世纪。

关于对黄道、赤道、白道坐标的变换，古人采用近似的代数计算来解决这类问题。《授时历》采用弧矢割圆术，将各种球面上的弧段投射到某个平面上，利用传统的勾股公式求解这些投影线段之间的关系；再利用沈括"会圆术"（弦、矢与弧长之间的关系式），由线段反求出弧段长度。此法与现代球面三角学公式在本质上是一致的，可以说是我国独特的球面三角学。

[**链接**]为了纪念郭守敬这位伟大科学家的卓越贡献，1962年，我国邮电部发行绘有郭守敬像和简仪的纪念邮票二枚；1970年，国际天文学联合会以郭守敬的名字命名月球背面的一座环形山；1977年，中国科学院紫金山天文台把小行星2012号正式命名为郭守敬星。2010年国家天文台兴隆观测基地的大型光学望远镜"大天区面积多目标光纤光谱天文望远镜"（英文缩写LAMOST）被冠名为"郭守敬望远镜"。

（原载于《中国古代100位科学家故事》，人民教育出版社、学习出版社联合出版，2006年，第16—19页）

堪称大师的遗民科学家：清初天文学家王锡阐

明清之际，苏州府吴江县出了一个奇人，天文历算学家王锡阐。他曾因明亡而自杀未遂，终身不仕清，潜心研究天文历法，所著《晓庵新法》无人能懂，后经过天算大师梅文鼎的解读，人们才知道他创造了中西历法会通史上的一座高峰。

亡国遗民　隐居终身

王锡阐（1628—1682 年）字寅旭，号晓庵。他出身于贫寒之家，生性聪明，性格孤僻，不善与人交际，爱好独立思考，靠自学领悟了《崇祯历书》中深奥的天文历法原理。

王锡阐17岁那年（1644年），李自成攻入北京，明朝瓦解；接着清军入关，入主中原。王锡阐愤而投河自尽，遇救而生；接着绝食七天，在父母强迫之下重新进食。从此故国之思，亡国之恨，伴随他一生。他拒绝参加清朝的科举考试，隐居乡里，不求仕进，终身以明朝遗民自居，以教书为业，潜心学问。

所谓"遗民"意思是"明朝遗留下来的子民"，不与新朝廷合作。王锡阐交往的人群主要是当时著名的遗民学者，如顾炎武、潘柽章、吕留良、张履祥、朱彝尊、万斯大等。王锡阐因矢志忠于故国而在明朝遗民里很受尊敬，成为清初东南遗民圈子中的重要人物，他在天文学上的高深造诣，则使遗民们引为自豪。

王锡阐曾客居潘家数年之久，在潘家开馆授徒，潘柽章的弟弟潘耒就曾向王锡阐学习过天文历算。清顺治七年（1650年），吴江一带文人成立了惊隐诗社，入社的有顾炎武、潘柽章、吴炎等诸多名流，王锡阐也是成员之一。康熙二年（1663年）兴文字狱，潘、吴因受庄廷龙明史案株连而遭杀害，二人的妻子也在流徙途中自尽。惊隐诗社无形解散。这件事更加激起王锡阐刻骨铭心的亡国之恨，引为平生最为悲痛之事。潘柽章罹难后，王锡阐冒死收藏了他的部分书稿，担负起对其幼弟潘耒的教育之责。

从中年到晚年，王锡阐先后与张履祥、吕留良、钱澄之等一起讲授"濂洛之学"，即北宋周敦颐和二程（程灏、程颐）的哲学。晚年的王锡阐贫病交加，当他的朋友吕留良来看他时，他连粗茶淡饭也招待不起，只有拿出自己的诗篇来作招待。康熙二十一年（1682年）去世，时年五十五岁。死后遗稿散失很多。后由翰林学士潘耒搜集幸存的五十余种刊行。其中《晓庵新法》《五星行度解》《圜解》代表王锡阐在天文、数学方面的主要成就。

批判西学　推倒迷信

王锡阐的著作深奥难懂，当了翰林学士的潘耒遍行天下，到处寻找能够读懂他老师著作的高人，康熙二十五年（1686年）他来到安徽宣城，终于找到了当时的天文历算大家梅文鼎。梅文鼎读了王氏遗书，倍加推崇，把他与北方的天算名家薛凤祚并称为"南王北薛"，对自己未能同他研讨学问而深感遗憾。

明末清初，西方天文学传入中国并很快取得统治地位，康熙早年发生中西历学争讼，西学击败中学而获胜，于是西学优于中学几成定论。王锡阐深入研究中、西天文学的成果，批评地吸收二者的长处与精华，提出自己的创见和发现，有力地破除了当时对西方天文学的迷信。

王锡阐指出一些西方天文学理论上的缺点和错误。如西学认为月食时的食分（月球被地影遮挡的程度）大小与月球视直径有关，人们见到月球最大时食分最小；见到月球最小时食分最大。王锡阐指出食分与月球视直径无关，而与月地距离有关：因为月球的实际直径并未变化，人们见到月球最大时，离地球最近，食分反而最大；月球最远、视直径最小时，食分才最小。

再如西方传教士在介绍三角学公式时，往往只讲公式的应用而不介绍原理，王锡阐亲自示范，独立给出三角函数中两角和、差的正弦、余弦公式的证明。

又如当时传入的第谷体系以行星绕太阳转、太阳绕地球转为特征，但在实际计算中仍然保留有行星围绕地球转的模型，王锡阐指出这是自相矛盾。在今天看来王锡阐对西学的许多批评都是有道理的，这在当时是十分少见而难能可贵的。

王锡阐还举证论述"西学中源"说。例如屈原《天问》："圜则九重，孰营度之？"意思是问：圜天分为九层，是怎样营建和度量的呢？王锡阐认为其中有天球分层的概念，是西方亚里斯多德水晶球宇宙模型的源头。王锡阐否定西洋人有独立创制西法的可能性，指出"西历源于《九执》"，认为西历剽窃了《九执历》的成果。《九执历》是唐朝和尚瞿昙悉达编译的印度天文学著作，其中有不少希腊天文学的内容，王锡阐能看出它与欧洲天文学的渊源，是颇具慧眼的，但他却把两者的源流关系颠倒了。王锡阐以这样的方式致力于推倒西学的神圣地位，反映了他的遗民情结。

长期观测　测算最精

王锡阐不仅重视对中、西学理论知识的学习，还十分重视以天文观测验证历法理论。他说"人明于理而不习于测，犹未之明"，意思是说：长于理论而不熟悉观测，许多道理不能真正明白。

他自己设计制造了一种叫作"三辰晷"的仪器，可以用来观测日、月、星辰。每遇晴朗的夜晚，他就爬上瓦房屋顶，坐卧在人字形屋脊旁仰观星象，通宵达旦，几十年如一日坚持不停；以至于白天无论是坐着还是躺下，总觉得有一个浑天仪在面前，日月五星在其上横行。

王锡阐去世的前一年（1681年）发生了一次日食，事先王锡阐和徐发等五位民间天文学家各自作了推算，相约至期进行一次"五家法同测"，结果王锡阐的理论推算最为接近实测情形。

独创新法　超越前人

　　王锡阐还善于吸取西方天文学的精华并结合自己的观测实践，作出重大理论创新。他运用刚刚传入中国的球面三角学知识，首创了准确计算日月食初亏和复圆方位的算法。他把日月圆体分为三百六十度，提出"月体光魄定向"（日月中心连线方向）的概念，计算出食甚时刻日月边缘亏缺多少度，从而把日月食的计算提高到前所未有的精度。

　　他的另一重大成果是首创金星、水星凌日和五星凌犯的算法。金星和水星是地内行星，它们有机会运行到正好位于太阳和地球之间的位置，此时人们看见太阳表面出现小黑点，就是金星或水星在日面上的投影，这种自然现象叫作"凌日"。对于在其他时间太阳表面出现的黑子，王锡阐作出水星以内的太阳附近存在其他行星的猜想，这与伽里略关于"水内行星"的猜想不约而同。"五星凌犯"是指五大行星互相遮掩的现象。长期以来无论是中历还是西历，仅能对金水"凌日"现象进行粗略的推算，王锡阐巧妙地创立准确的计算方法。上述两大创新成就，后来都被清政府编入官方典籍《历象考成》，成为编算历法的重要手段。

王锡阐参照《崇祯历书》中的第谷体系建立了他自己的宇宙模型和行星运动理论。与第谷体系行星均自西向东绕日旋转不同，王锡阐的金、水两星绕日右旋（由西向东），土、木、火三星则绕日左旋（由东向西）。鉴于第谷体系没有统一的计算方法，王锡阐还在上述模型的基础上，推导出一组计算五星行度的公式，能够预报行星的位置。

他还考虑到日月行星运动的力学原因。当时近代科学的引力理论尚未出现，西方用磁石吸铁假说来解释太阳对诸星的吸引，受此启发王锡阐解释由于"宗动天"（恒星天层以外没有任何天体的最外层天球）的吸引致使日月五星呈环绕状运行。这是中国学者以引力解释行星运动物理机制的第一次尝试。

[**链接**] 清初著名学者顾炎武，曾列出朋友中有过己之处者 10 人，王锡阐被列为第一；但他没有能力评价王氏的天文历法成就。至梅文鼎始将他与天算名家

薛凤祚并称"南王北薛",并认为王氏识见在薛凤祚之上。阮元撰《畴人传》又将王锡阐与梅文鼎并提,称二人各自登峰造极,不分高下。近代学者梁启超称赞王锡阐与梅文鼎首先冲破西洋新法的迷信,唤醒中国学者的觉醒意识与独立精神,所以清代治天文历算的学者必称"王梅"。1998年在王锡阐370周年诞辰纪念活动期间,中国科学院路甬祥院长题词"锡阐天问学贯东西,晓庵新法书传古今",高度概括王锡阐的主要成就和深远影响。

（原载于《中国古代100位科学家故事》,人民教育出版社、学习出版社联合出版,2006年,第57—58页）

参考文献

专著

[1] 〔美〕M. 克莱因:《古今数学思想》(第 1 册),上海科学技术出版社,1979 年。

[2] 〔法〕A. 丹容:《球面天文学和天体力学引论》,李珩译,科学出版社,1980 年。

[3] 〔日〕安居香山、中村璋八:《纬书集成(上)》,河北人民出版社,1994 年。

[4] 〔日〕新城新藏:《东洋天文学史研究》,沈璿译,中华学艺杜,1938 年。

[5] 〔汉〕司马迁:《史记·历书》,《历代天文律历等志汇编》第五册,中华书局,1976 年。

［6］〔汉〕班固:《汉书·律历志》,《历代天文律历等志汇编》第五册,中华书局,1976年。

［7］〔晋〕司马彪:《续汉书·律历志》,《历代天文律历等志汇编》第五册,中华书局,1976年。

［8］〔唐〕房玄龄:《晋书·律历志》,《历代天文律历等志汇编》第五册,中华书局,1976年。

［9］〔宋〕欧阳修:《新唐书·历志》,《历代天文律历等志汇编》第七册,中华书局,1976年。

［10］〔清〕钱塘:《淮南天文训补注》,上海古籍出版社,1996年。

［11］北京大学考古文博学院编:《考古学研究(五):庆祝邹衡先生七十五寿辰暨从事考古研究五十年论文集》,科学出版社,2003年。

［12］陈美东:《中国科学技术史·天文学卷》,科学出版社,1980年。

［13］陈美东:《古历新探》,辽宁教育出版社,1995年。

［14］陈梦家:《汉简年历表》,中华书局,1980年。

［15］郑玄注:《易纬·通卦验(及其他三种)》,中华书局,1991年,丛书集成初编本。

［16］杜瑞芝:《数学史辞典》,山东教育出版社,

2000 年。

［17］ 甘肃省文物考古研究所:《天水放马滩秦简》,中华书局,2009 年。

［18］ 湖北省文物考古研究所、随州市考古队:《随州孔家坡汉墓简牍》,文物出版社,2006 年。

［19］ 湖北省荆沙铁路考古队:《包山楚墓》,文物出版社,1991 年。

［20］ 湖北省荆州市周梁玉桥遗址博物馆:《关沮秦汉墓简牍》,中华书局,2001 年。

［21］ 湖北省文物考古研究所、随州市考古队:《随州孔家坡汉墓简牍》,文物出版社,2006 年。

［22］ 胡中为、肖耐园:《天文学教程》上册,高等教育出版社,2003 年。

［23］ 姜忠奎:《纬史论微》,上海书店出版社,2005 年,

［24］ 金秋鹏:《中国科学技术史·人物卷》,科学出版社,1998 年。

［25］ 李俨:《中算家的内插法研究》,科学出版社,1957 年。

［26］ 潘鼐:《中国恒星观测史》,学林出版社,1989 年。

［27］ 阮元:《畴人传》,商务印书馆,1935 年。

［28］ 曲安京:《中国历法与数学》,科学出版社,
2005 年。

［29］ 王应伟:《中国古历通解》,辽宁教育出版社,
1998 年。

［30］ 汪前进主编:《中国古代 100 位科学家故事》,
人民教育出版社、学习出版社出版,2006 年

［31］ 武家璧:《观象授时——楚国的天文历法》,湖
北教育出版社,2001 年。

［32］ 徐兴无:《谶纬文献与汉代文化构建》,中华书
局,2003 年。

［33］ 夏伟英:《夏小正经文校释》,农业出版社,
1981 年。

［34］《云梦睡虎地秦墓》编写组:《云梦睡虎地秦墓》,
文物出版社,1981 年。

［35］ 张培瑜:《三千五百年历日天象》,河南教育出
版社,1990 年。

［36］ 朱文鑫:《天文考古录·中国历法源流》,商务
印书馆,1933 年。

［37］ 竺可桢:《竺可桢文集》,科学出版社,1979 年。

［38］ 中国科学院紫金山天文台:《2000 年中国天文

年历》，科学出版社，1999 年。

［39］ 中国天文学史整理研究小组:《中国天文学史》，科学出版社，1981 年。

论文

［1］〔日〕薮内清:《关于唐曹士蒍的符天历》，柯士仁译，《科学史译丛》1983 年第 1 期。

［2］〔日〕薮内清:《〈九执历〉研究》，张大卫译，《科学史译丛》1884 年第 4 期。

［3］ 安徽省文物工作队、阜阳地区博物馆、阜阳县文化局:《阜阳双古堆西汝阴侯墓发掘简报》，《文物》1978 年第 8 期。

［4］ 甘肃省文物考古研究所、天水市北道区文化馆:《甘肃天水放马滩战国秦汉墓群的发掘》，《文物》1989 年第 2 期。

［5］ 陈梦家:《汉简年历表叙》，《考古学报》1965 年 2 期。

［6］ 陈久金:《符天历研究》，《自然科学史研究》1986 年第 1 期。

〔7〕　陈久金、陈美东:《从元光历谱及马王堆帛书天文资料试探颛顼历问题》,载考古学专刊甲种第二十一号《中国古代天文文物论集》,文物出版社,1989年。

〔8〕　陈美东:《中国冬至太阳所在宿度的测算》,收入薄树人主编:《中国传统科技文化探胜》,科学出版社,1992年。

〔9〕　陈美东:《日躔表之研究》,《自然科学史研究》1984年第4期。

〔10〕　陈美东:《我国古代的中心差算式及其精度》,《自然科学史研究》1986年第4期。

〔11〕　陈美东:《边冈》,金秋鹏主编《中国科学技术史·人物卷》,科学出版社,1998年。

〔12〕　陈美东:《一行》,《中国科学技术史·人物卷》,科学出版社,1998年。

〔13〕　陈美东:《中国古代的漏箭制度》,《广西民族学院学报》(自然科学版),2006年第4期。

〔14〕　关增建:《中国天文学史上的地中概念》,《自然科学史研究》2000年第19卷第3期。

〔15〕　何幼琦:《论楚国之历》,《江汉论坛》1985年

第 10 期。

［16］ 何双全:《天水放马滩秦简综述》,《文物》1989
年第 2 期。

［17］ 何双全:《天水放马滩秦简甲种〈日书〉考述》,
甘肃省文物考古研究所编《秦汉简牍论文集》,
甘肃人民出版社，1989 年。

［18］ 胡铁珠:《夏小正星象年代研究》,《自然科学史
研究》，2000 年，第 3 期。

［19］ 蒋甸水:《谶纬之学与自然科学》中国科学技术
大学研究生院（合肥）硕士研究生毕业论文,
1993 年。

［20］ 李鉴澄:《论后汉四分历的晷景、太阳去极和昼
夜漏刻三种记录》,《天文学报》1962 年第 1 期。

［21］ 李解民:《秦汉时期的一日十六时制》,《简帛研
究》第 2 辑，法律出版社，1996 年。

［22］ 李家浩:《江陵九店楚墓五十六号墓竹简释
文》,《江陵九店东周墓》附录二，科学出版社,
1995 年。

［23］ 李学勤:《纬书集成序》,载〔日〕安居香山、中
村璋八《纬书集成（上）》,河北人民出版社,

1994 年。

［24］ 刘次沅：《主要恒星位置表》，从天再旦到武王
伐纣——西周天文年代问题》附录 6，北京世界
图书出版社，2006 年。

［25］ 刘钝：《〈皇极历〉中等间距二次插值方法术文
释义及其物理意义》，《自然科学史研究》1994
年第 4 期。

［26］ 刘钝：《等差级数与插值法》,《自然科学史研究》
1995 年第 4 期。

［27］ 刘彬徽：《楚国纪年法简论》,《江汉考古》1988
年第 2 期。

［28］ 刘彬徽：《从包山楚简纪时材料论及楚国纪年与
楚历》,《包山楚墓》附录二一，文物出版社，
1991 年。

［29］ 吕宗力、栾保群：《纬书集成·前言》,〔日〕安
居香山、中村璋八辑《纬书集成》(上)，河北
人民出版社，1994 年。

［30］ 庞扑：《火历钩沉——一个遗佚已久的古历之发
现》,《中国天文学史文集》(第六集)，科学出
版社，1994 年。

［31］ 潘啸龙：《从"秦楚月名对照表"看屈原的生辰用历》，《江汉论坛》1988 年 2 期。

［32］ 全和钧：《我国古代的时制》，《中国科学院上海天文台年刊》1982 年总第 4 期。

［33］ 钱宝琮：《盖天说源流考》，载《科技史集刊》1985 年第 1 期。

［34］ 宋会群、李振宏《秦汉时制研究》，《历史研究》1993 年第 6 期。

［35］ 宋镇豪：《试论殷代的纪时制度——兼论中国古代分段纪时制》，北京大学考古学丛书《考古学研究（五）：庆祝邹衡先生七十五寿辰暨从事考古研究五十年论文集》，科学出版社，2003 年。

［36］ 尚民杰：《从〈日书〉看十六时制》，《文博》1996 年第 4 期。

［37］ 王健民、刘金沂：《西汉汝阴侯墓出土圆盘上二十八宿古距度的研究》，《中国古代天文文物论集》，文物出版社，1989 年。

［38］ 王胜利：《再谈楚国历法的建正问题》，《文物》1990 年第 3 期。

［39］ 王胜利：《关于楚国历法的建正问题》，《中国史

研究》1988 年第 2 期。

[40] 王红星:《包山简牍所反映的楚国历法问题》,《包山楚墓》(附录二〇),文物出版社,1991 年。

[41] 王荣彬:《刘焯〈皇极历〉插值法的构建原理》,《自然科学史研究》1994 年第 4 期。

[42] 武家璧:《楚用亥正历法的新证据》,《中国文物报》1996 年 4 月 21 日第 3 版。

[43] 武家璧:《包山楚简历法新证》,《自然科学史研究》1997 年第 1 期。

[44] 武家璧:《云梦秦简日夕表与楚历问题》,《考古与文物》2002 年先秦考古专号。

[45] 武家璧:《从出土文物看战国时期的天文历法成就》,《古代文明》第 2 卷,文物出版社,2003 年。

[46] 武家璧:《含山玉版上的天文准线》,《东南文化》2006 年第 2 期。

[47] 武家璧:《〈尚书·考灵曜〉中的四仲中星及相关问题》,《广西民族大学学报(自然科学版)》2006 年第 4 期。

[48] 武家璧:《〈易纬·通卦验〉中的晷影数据》,《周易研究》2007 年第 3 期。

［49］ 武家璧:《〈大衍历〉日躔表的数学结构及其内插法》,《自然科学史研究》2008 年第 1 期。

［50］ 武家璧:《随州孔家坡汉简〈历日〉及其年代》,《江汉考古》2009 年第 1 期。

［51］ 武家璧:《边冈"相减相乘"法源于一行考》,《自然科学史研究》2009 年第 3 期。

［52］ 武家璧:《论秦简"日夕分"为地平方位数据》,《文物研究》(第 17 辑),科学出版社,2010 年。

［53］ 武家璧:《楚历"大正"的观象授时》,《楚学论丛》(第三辑),湖北人民出版社,2014 年。

［54］ 殷涤非:《西汉汝阴侯墓出土的占盘和天文仪器》,《考古》1978 年第 5 期。

［55］ 严敦杰:《中国古代数理天文学的特点》,《科技史文集》(第 1 辑),上海科学技术出版社,1978 年。

［56］ 严敦杰:《中国古代的黄赤道差计算法》,《科学史集刊》1958 年(第 1 辑)。

［57］ 严敦杰:《释四分历》,载考古学专刊甲种第二十一号《中国古代天文文物论集》,文物出版社,1989 年。

［58］ 于豪亮：《秦简〈日书〉记时记月诸问题》，中华书局编辑部编《云梦秦简研究》，中华书局，1981 年。

［59］ 张德芳：《简论汉唐时期河西及敦煌地区的十二时制和十六时制》，《考古与文物》2005 年第 2 期。

［60］ 张德芳：《悬泉汉简中若干时称问题的考察》，中国文物研究所编《出土文献研究》第六辑，上海古籍出版社，2004 年。

［61］ 张德芳：《简论汉唐时期河西及敦煌地区的十二时制和十六时制》，《考古与文物》2005 年第 2 期。

［62］ 张闻玉《云梦秦简日书初探》，《江汉论坛》1987 年 4 期。

［63］ 曾宪通：《秦汉时制刍议》，《中山大学学报（社会科学版）》1992 年第 4 期。

［64］ 曾宪通：《楚月名初探》，《中山大学学报（社会科学版）》1980 年第 1 期。

［65］ 竺可桢：《论以岁差定〈尚书·尧典〉四仲中星之年代》，《科学》1927 年第 11 卷第 12 期；又见《竺可桢文集》，科学出版社，1979 年。

［66］ 邹汉勋：《颛顼历考》，《续修四库全书》子部第

1036 册，上海古籍出版社。

[67] 中国社会科学院考古研究所山西工作队、山西省考古研究所、临汾市文物局:《山西襄汾县陶寺城址发现陶寺文化大型建筑基址》,《考古》2004 年 2 期。

[68] 中国社会科学院考古研究所山西工作队、山西省考古研究所、临汾市文物局:《山西襄汾县陶寺城址祭祀区大型建筑基址 2003 年发掘简报》,《考古》2004 年 7 期。

[69] 中国社会科学院考古研究所山西工作队、山西省考古研究所、临汾市文物局:《山西襄汾县陶寺中期城址大型建筑 Ⅱ FJT1 基址 2004—2005 年发掘简报》,《考古》2007 年 4 期。

[70] 中国社会科学院考古研究所编:《中国古代天文文物论集》,文物出版社，1989 年。